Network

圖解網路的運作機制

Gene [著]

沈佩誼 [譯]

図解まるわかりネットワークのしくみ
(Zukai Maruwakari Network no Shikumi:5749-8)
©2018 Gene.
Original Japanese edition published by SHOEISHA Co., Ltd.
Complex Chinese Character translation rights arranged with SHOEISHA Co., Ltd. through
JAPAN UNI AGENCY, INC.
Complex Chinese Character translation © 2019 by GOTOP INFORMATION INC.

作者的話

　　網際網路對現代人來說耳熟能詳。

　　特別是近年來智慧型手機普及，大眾更加熟悉網際網路。不管是商業或是私人應用，不管男女老少，大多數人都能輕鬆連接上網，使用各式各樣的服務。

　　儘管網路是如此令人熟悉的存在，

「網路究竟是怎麼運作的呢？」

對此感到好奇的人們應該不在少數。

為了滿足各位的好奇心，對網路技術這個領域產生興趣，所以我寫作了這本書。

　　即使好好研究了令人茫然不解的技術和專門術語，仍不禁覺得網路之間的通訊錯綜複雜，這是因為網路通訊是透過各式各樣的技術加以組合才得以實現。我認為理解網路技術的首要秘訣在於，明確掌握網路的整體概念。

　　本書首先解說網路的整體面貌，接著介紹各種網路設備的運作機制，如路由器和網路交換器等。

　　本書所介紹的內容，僅僅是初探網路技術領域的冰山一角。如果您因為閱讀本書而對網路技術產生更深興趣，於我而言深感榮幸。

　　最後，本書透過許多人的熱情幫助才得以完成，我想藉此感謝參與這本書創作過程的人們。感謝你們。

2018 年 8 月

Gene

目　錄

第 **1** 章　網路的基本概念
～理解網路的整體面貌～
13

第 4 章 瀏覽網站的原理
～你瞭解網站的構造嗎？～ 93

第 5 章 乙太網路與無線區域網路
～在同一網路內傳輸～
119

第 **6** 章 路由
~傳送到遠處的網路~ **163**

第 1 章

網路的基本概念

～理解網路的整體面貌～

≫ 為了什麼目的使用網路？

網路究竟是什麼？

廣義的「網路」一詞包含了物流、交通、人際網路,「網路」一詞所描述的意思,就是以網狀組成的結構。本書所要介紹的電腦網路,是在電腦與電腦之間進行資料傳輸的網路結構。

所謂的電腦網路,是連結電腦或智慧型手機等通訊裝置的網路通訊系統。**多虧了電腦網路**的興盛,人們才得以與他人進行資料傳輸(圖 1-1)。

過去,電腦網路僅為採用許多電腦辦公的少數大型企業所用。如今,大多數公司和一般使用者都能使用電腦網路。在本書接下來的內容,將電腦網路稱為「網路」。

使用網路的目的

傳輸資料並不是使用網路的目的,而是手段。我們之所以使用網路,主要是因為以下的好處(圖 1-2)。

- 收集情報
- 在使用者之間共享檔案
- 進行高效溝通
- 處理出差申請和精算等業務

此外,在日常生活或工作之中,人們可能會出於各種目的而使用網路。使用網路變得理所當然,我們可能不會清楚意識到「我們正在使用網路」這件事。**如果能清楚理解使用網路的目的,也就更能體會網路的重要性。**

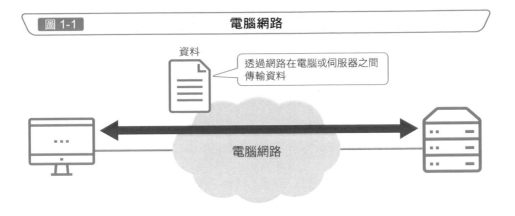

圖 1-1 　　　　　　　　　電腦網路

資料

透過網路在電腦或伺服器之間傳輸資料

電腦網路

圖 1-2 　　　　　　　　　網路的使用目的

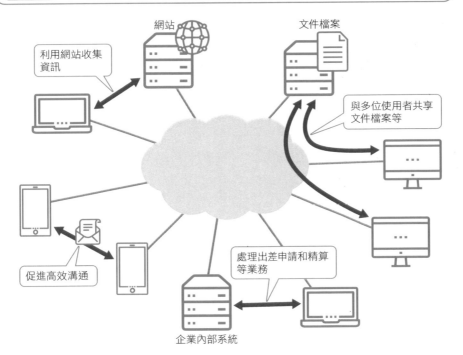

網站

文件檔案

利用網站收集資訊

與多位使用者共享文件檔案等

促進高效溝通

處理出差申請和精算等業務

企業內部系統

Point

✎ 透過連接網路，讓電腦或智慧型手機、伺服器等通訊裝置進行資料傳輸。

✎ 網路的使用目的非常多樣，其中包括收集資訊及促進高效溝通等。

» 這是何種對象所使用的網路？

網路的分類

根據網路所採用的技術等面向，可以從各個面向對網路進行分類。**我們可以思考「這是何種對象所使用的網路？」，將網路大致分為以下兩種，以便理解。**

- 使用者限定的專用網路（private network）
- 所有人都可以使用的網際網路（internet）

所謂的專用網路，是指企業內部網路或家庭內部網路等，連接這些網路的使用者可以在企業或自家內使用。一般來說，企業內部網路只供該企業的員工使用，家庭內部網路也僅供家族成員使用（圖 1-3）。

另一方面，網際網路則是不限定特定使用者，所有人都可以使用的網路。只要連接上網際網路，就能自由地與其他使用者進行資料傳輸（圖 1-4）。

專用網路

專用網路因限制特定使用者才能使用，並沒有太多優勢。以企業內部網路為例，檔案分享或電子郵件通訊，只能發生在同一企業的使用者之間。如果是家庭內部網路，使用者只能與家族成員進行通訊。

一般而言，連接網路的使用者數量越多，網路的利用價值也會隨之提高。基本上，為了增加網路的利用價值，讓使用者獲得更多益處，專用網路都會連上網際網路。

圖 1-3 專用網路概述

企業內部網路　　　　　　　個人使用者的家庭內部網路

A 企業　企業內部網路　　　　　　山田家　家庭內部網路

僅連接 A 企業員工所使用的
設備，進行資料傳輸

僅連接山田家的家族成員所使用的
設備，並進行資料傳輸

圖 1-4 網際網路概述

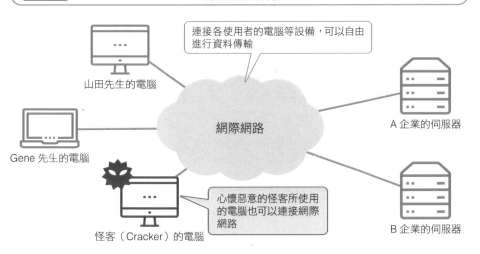

連接各使用者的電腦等設備，可以自由
進行資料傳輸

山田先生的電腦

Gene 先生的電腦

網際網路

A 企業的伺服器

心懷惡意的怪客所使用
的電腦也可以連接網際
網路

怪客（Cracker）的電腦

B 企業的伺服器

※ 怪客（Cracker）一詞是指從事非法入侵系統、竊聽或濫改資料等破壞行為的惡意
　使用者。

Point

- 根據網路使用者的區別，可以將網路分為專用網路和網際網路兩類。
- 專用網路僅提供企業或家庭內部的使用者利用。
- 網際網路是不限定使用者，所有人都可以使用的網路。

企業內部網路結構

LAN 與 WAN

區域網路（LAN）※1 與廣域網路（WAN）※2 是相當常見的網路相關用語。我們可以透過由區域網路與廣域網路構建而成的企業內部網路（Intranet），輕鬆理解兩種網路的差異。

以擁有多個據點的大型企業為例，而各據點所採用的網路正是區域網路。透過區域網路，企業員工可以在該企業據點內的電腦或伺服器之間進行通訊。此外，個人使用者的家庭內部網路也採用區域網路。

如果想在多個據點之間分享檔案、發送郵件，則必須在據點之間進行通訊。將每個據點的區域網路互相連接起來的網路，就是廣域網路（圖 1-5）。

簡而言之，**在據點之內進行通訊的網路是區域網路（LAN），而將各個區域網路連接起來的網路則是廣域網路（WAN）。**

區域網路與廣域網路的建置、管理及費用

區域網路必須自行建置和管理。如果想建立一個區域網路，我們必須配置、連接各設備，並進行必要設定。主要採用支援有線（乙太網路）或無線區域網路的設備。初始成本包含設備添購費用及組裝設定的人事費用等，此外還需進行日常管理，確保區域網路正常運作。區域網路之內的通訊是免費的，但仍須將人事費用等管理成本列入考量。

廣域網路則由日本電信電話（NTT）等電信公司負責建置與管理。電信公司提供各式各樣的廣域網路服務，請從中選擇符合使用需求的服務。以成本而言，必須向電信公司支付廣域網路服務的初期訂閱費用及每日通訊費用。通訊費用的計算方式依服務而異，分為依通訊量支付的隨用隨付制或是固定通訊費用等計算方式。（表 1-1）

本節重點在於，使用者必須自行建置、管理區域網路，並訂閱合適的廣域網路服務。

※1　LAN：區域網路（Local Area Network）的簡稱。
※2　WAN：廣域網路（Wide Area Network）的簡稱。

圖 1-5	LAN 與 WAN

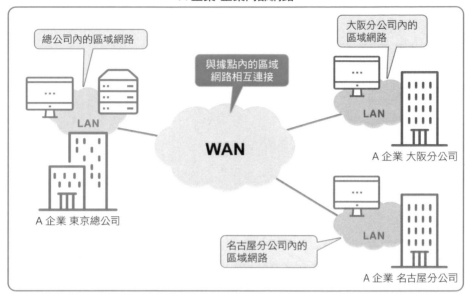

A 企業 企業內部網路

總公司內的區域網路

大阪分公司內的區域網路

與據點內的區域網路相互連接

LAN

WAN

LAN

A 企業 大阪分公司

A 企業 東京總公司

名古屋分公司內的區域網路

LAN

A 企業 名古屋分公司

表 1-1	比較區域網路與廣域網路

	區域網路（LAN）	廣域網路（WAN）
功能	連接據點內的設備	連接各據點的區域網路
建置與管理	自行負責	由電信公司提供服務
初始成本	與設計及建置相關的人事費用、設備費用	通訊服務的訂閱費用
營運成本	管理人員的人事費用	通訊費用

Point

✎ 企業內部網路由區域網絡和廣域網路構成。

✎ 區域網路是據點之內的網路，必須自行建置與管理。

✎ 透過電信公司提供的廣域網路服務，連接各據點的區域網路。

≫ 網路的網路

網際網路的構成元素

任何人都可以使用的網際網路，是將世界各地各組織所管理的網路聯繫起來的龐大網路。這個組織的網路，稱為自治系統（AS，Autonomous System）。

提供網際網路服務的 NTT Communications 等網際網路服務供應商（ISP，Internet Service Provider），就是自治系統的一種實例。另外，在網際網路上提供服務的 Google 或 Amazon 等企業也是一種自治系統。

ISP 根據不同服務範圍而分層，第一層的 ISP 稱為 Tier 1。日本的 NTT Communications 就屬於 Tier 1。Tier 1 以外的網際網路服務提供商皆會連接屬於 Tier 1 的網際網路服務提供商，以便取得非自行管理的網路內容。換句話說，**在網際網路上所有的網際網路服務提供商，都必須透過 Tier 1 相互連接**。

如欲使用網際網路，使用者必須與網際網路服務提供商訂閱網路連接服務。這樣一來，我們就可以和訂閱同一 ISP 服務的人們，以及訂閱其他 ISP 服務的使用者們進行通訊（圖 1-6）。

網路連接服務概述

與 ISP 訂閱網路服務後，將自家或企業內部網路的的路由器連上該 ISP 的路由器（關於路由器的介紹請見第 6 章），就可以開始使用網際網路。使用者也可直接以筆記型電腦和智慧型手機等裝置連上 ISP 的路由器。

如欲連上 ISP 的路由器，可以使用如表 1-2 所示的固網或行動網路。至於要選擇哪一種連線方式，使用者可根據通訊品質和費用來決定。

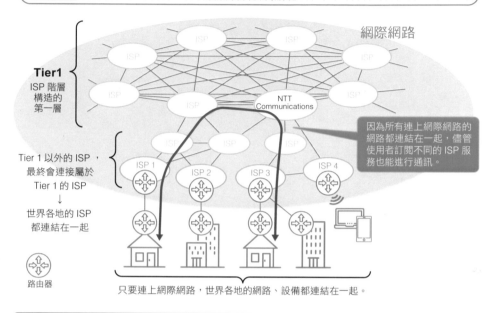

圖 1-6　　　　　　　　　網際網路的構成

Tier1
ISP 階層
構造的
第一層

Tier 1 以外的 ISP，
最終會連接屬於
Tier 1 的 ISP
↓
世界各地的 ISP
都連結在一起

網際網路

NTT
Communications

因為所有連上網際網路的
網路都連結在一起，儘管
使用者訂閱不同的 ISP 服
務也能進行通訊。

ISP 1　ISP 2　ISP 3　ISP 4

路由器

只要連上網際網路，世界各地的網路、設備都連結在一起。

表 1-2　　　　　　　　　固網與行動網路的種類

固網	
專線	保證通訊速度，但成本高昂
電話線（ADSL）	可以實惠價格連接網路
光纖（FTTH）	可以高速上網
有線電視	有線電視纜線也可以提供上網服務

行動網路	
手機網路（4G LTE）	可使用手機網路連上廣域網路
WiMAX/WiMAX2 纜線	可使用 WiMAX 網路連上廣域網路
無線 LAN（Wi-Fi）	可在 Wi-Fi 存取裝置附近連上網路

Point

　🖊 網際網路是世界各地組織以自治系統相互連接的龐大網路。

　🖊 提供網路連接服務的 ISP 就是一種自治系統。

　🖊 根據不同的網路連接服務，使用者可以選擇固網或行動網路連接 ISP，
　　使用網際網路服務。

≫ 由誰來傳輸資料？

執行資料傳輸的實體

傳輸資料的任務主要由應用程式來執行。執行應用程式的電腦可分為用戶端和伺服器。一般電腦或智慧型手機屬於用戶端。伺服器則是具有強大運算效能的電腦，可處理來自眾多電腦的各式請求。

舉例來說，在「瀏覽網頁」的時候，電腦或智慧型手機會執行 Web 瀏覽器，而 Web 伺服器則執行 Web 應用程式。為了讓使用者與 Web 伺服器通訊，Web 瀏覽器和 Web 應用程式會進行資料交換。不過，請先記住**傳輸資料的主體是應用程式**。

此外，資料傳輸是一種雙向的溝通過程這一點也非常重要。大多數應用程式向伺服器應用程式發出諸如檔案傳輸的請求（request），而伺服器應用程式則將該請求的處理結果返回答覆（reply）。想要正確發送請求與答覆，首先必須啟動應用程式的功能。

與伺服器進行溝通的這種應用程式架構，稱為用戶端—伺服器架構（圖1-7）。

對等架構

不透過伺服器，直接在用戶端之間傳輸資料的應用架構，稱為對等架構（圖 1-8）。社群網站的通訊軟體、線上遊戲等都是對等架構的例子。此外，如欲指定通訊對象，也有透過伺服器進行通訊的例子。

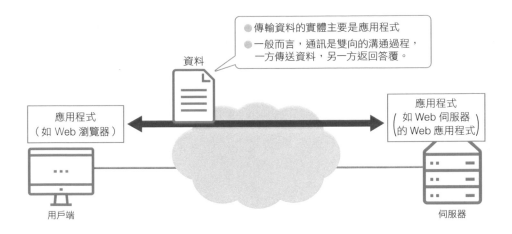

圖 1-7 　　　　　　　　進行通訊的實體是應用程式

- 傳輸資料的實體主要是應用程式
- 一般而言，通訊是雙向的溝通過程，一方傳送資料，另一方返回答覆。

資料

應用程式（如 Web 瀏覽器）

用戶端

應用程式（如 Web 伺服器的 Web 應用程式）

伺服器

圖 1-8 　　　　　　　　　　P2P 應用

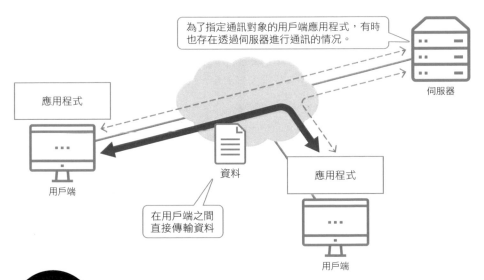

為了指定通訊對象的用戶端應用程式，有時也存在透過伺服器進行通訊的情況。

伺服器

應用程式

用戶端

資料

應用程式

在用戶端之間直接傳輸資料

用戶端

Point

- 傳輸資料進行通訊的主體是應用程式。
- 應用程式之間的通訊是雙向的。
- 應用程式之間的通訊方法可分為「用戶端—伺服器架構」和「對等架構」。

≫ 網路通訊所使用的語言

實現通訊的規定事項

正如我們藉由語言進行對話，電腦之間的通訊則利用網路架構（network architecture）來實現溝通。網路架構之於網路通訊，就如語言之於對話。

任何一種語言，都具備文字符號、發音、文法等各式各樣的規則，網路架構亦然：指定通訊對象的方法，也就是位址或資料格式、通訊順序等規則缺一不可。與網路通訊相關的規則稱為協定（protocol），網路架構 ※3 就是所有網路協定的大集合（圖 1-9）。

不使用同一語言進行對話，就無法實現溝通，電腦之間的通訊也必須建立在相同的網路架構上。

TCP/IP 是網路的共通語言

如圖 1-10 所示，現行的網路架構種類有好幾種，目前最常使用的是 TCP/IP 架構。 TCP/IP 架構可以說是網路的共通語言。

為了以網路為媒介進行應用程式的資料交換，TCP/IP 架構將網路分為自上而下的四層結構，各協定依其功能歸屬到這四個階層之中。

將網路階層化的優點是後續變更或擴展比較容易，比方說，想要變更某個協定或追加新功能時，基本上只需要考慮該協定即可。

第 3 章將會詳細解說 TCP/IP 的相關內容（圖 1-11）。

※3　網路架構還有諸如「協定堆疊」、「協定套組」等別稱。

圖 1-9　　　　　　　　　　網路架構

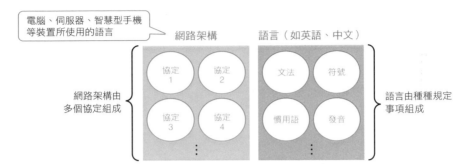

電腦、伺服器、智慧型手機等裝置所使用的語言

網路架構　　語言（如英語、中文）

網路架構由多個協定組成

協定1　協定2　協定3　協定4

文法　符號　慣用語　發音

語言由種種規定事項組成

圖 1-10　　　　　　　　　網路架構的例子

| TCP/IP | OSI | Microsoft NETBEUI | Novell IPX/SPX | Apple Appletalk | IBM SNA |

圖 1-11　　　　　　　　**TCP/IP 階層模型**

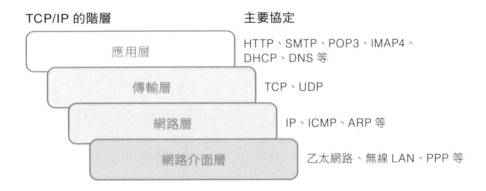

TCP/IP 的階層　　　　　　主要協定

應用層　　HTTP、SMTP、POP3、IMAP4、DHCP、DNS 等

傳輸層　　TCP、UDP

網路層　　IP、ICMP、ARP 等

網路介面層　　乙太網路、無線 LAN、PPP 等

Point

- 協定是為了實現通訊的規定事項，比如資料傳輸格式等。
- 透過由多個協定組成的網路架構進行通訊。
- 目前主流的網路架構為 TCP/IP 架構。

≫ 使用及管理伺服器

伺服器的營運管理不容易

為了讓應用程式正常作用，伺服器必須持續保持運作狀態。導入新的伺服器時，必須選擇適合的硬體設備、安裝並測試作業系統或伺服器應用程式。如果伺服器所處理的資料相當重要，**則必須長時間監控伺服器狀態，一旦發生問題，就要採取應對措施**。經常備份資料、根據需求靈活擴展處理能力、研擬資料安全對策等，都是必要且重要的措施。伺服器的運營及管理，需要投入大量的時間與成本。

伺服器邁向網際網路（雲端）

雲端服務是透過網際網路 ※4 為使用者提供伺服器的各種功能，使用者不再需要自行營運管理實體伺服器。因為雲端服務給人們一種在雲端上使用伺服器的印象，網際網路經常以雲朵符號表示（圖 1-12）。

在過去，使用者自行營運管理實體伺服器的這種方法則稱為「自有（On-premise）」。

雲端服務的優缺點

雲端服務供應商的業務包括為使用者導入、營運和管理伺服器。比方說，萬一檔案伺服器的儲存容量不足時，使用者只需要變更訂閱服務的內容，添購更多容量即可。

僅管雲端服務非常便利，使用者也必須考量在自行管理範圍之外所儲存的資料是否安全無虞、萬一發生無法使用服務的狀況等資料安全及資料可用性的問題。

※4　另一種雲端服務的運作方式是透過私有網路而非網際網路。

圖 1-12　　　　　　　　　　　雲端服務概述

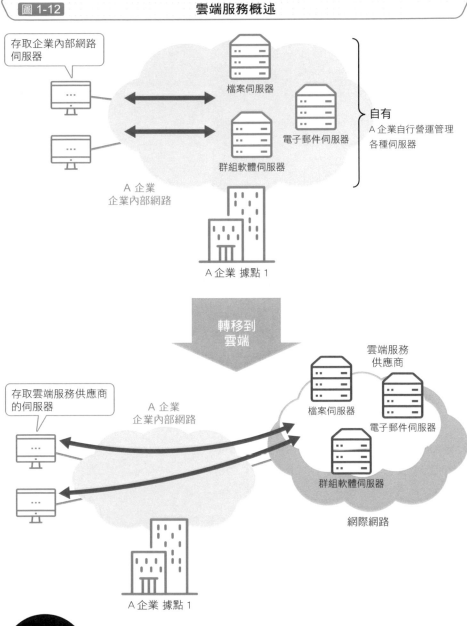

存取企業內部網路
伺服器

檔案伺服器

電子郵件伺服器

群組軟體伺服器

自有
A 企業自行營運管理
各種伺服器

A 企業
企業內部網路

A 企業 據點 1

轉移到
雲端

雲端服務
供應商

存取雲端服務供應商
的伺服器

A 企業
企業內部網路

檔案伺服器

電子郵件伺服器

群組軟體伺服器

網際網路

A 企業 據點 1

Point

🖉 雲端服務透過網際網路提供伺服器的功能。

🖉 雲端服務由供應商為使用者導入、營運及管理伺服器。

🖉 必須留意雲端服務的安全性及可用性。

» 使用伺服器的哪一部分？雲端服務的種類

雲端服務的種類

透過網路提供伺服器功能的雲端服務，根據使用者可使用伺服器的哪些部分，分為以下三類（圖 1-13）。

- IaaS
- PaaS
- SaaS

　　透過網路使用伺服器的 CPU 或記憶體、儲存體等硬體的雲端服務，稱為 IaaS（基礎建設即服務，Infrastructure as a Service ），使用者可在 IaaS 的伺服器上新增作業系統、中介軟體或應用程式。透過 IaaS，使用者可以雲端服務供應商的伺服器上自由地建設、使用系統。

　　透過網路使用伺服器平台的雲端服務，稱為 PaaS（平台即服務，Platform as a Service）。所謂平台，指的是作業系統以及包含運行在作業系統上控制資料庫的中介軟體等部分。使用者可以在雲端服務供應商的平台上，新增並使用企業業務系統等專屬應用程式。

　　透過網路使用伺服器特定軟體功能的雲端服務，稱為 SaaS（軟體即服務，Software as a Service）。一般而言，個人使用者所使用的雲端服務基本上都是 SaaS，線上儲存服務就是一個具體例子。線上儲存服務透過網路提供檔案伺服器的功能，使用者可以自由地儲存或共享檔案。

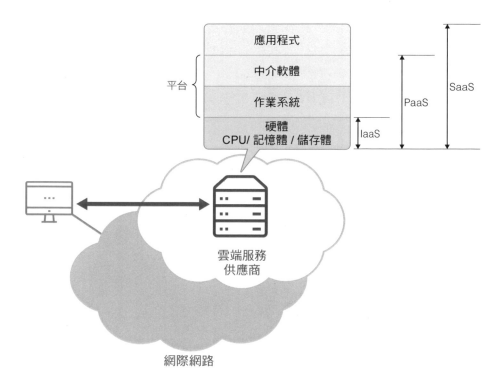

圖 1-13　雲端服務的種類

雲端服務的種類	提供伺服器的哪一部分
IaaS（基礎建設即服務）	僅限 CPU/ 記憶體 / 儲存體等硬體部分
PaaS（平台即服務）	除硬體外，再加上作業系統 / 中介軟體等平台部分
SaaS（軟體即服務）	從硬體到應用程式全都提供。

※ IaaS 又稱 HaaS（硬體即服務，Hardware as a Service）。

Point

✎ 根據伺服器可供使用的部分，將雲端服務分為以下三類：

- IaaS 硬體
- PaaS 平台
- SaaS 應用程式

課後練習

思考一下網路的使用目的

平常你會出於何種目的使用網路呢？盡你所能將這些目的寫下來。

解答範例

- 在購物網站買東西
- 使用線上銀行匯款
- 在證券商的線上交易平台買賣股票
- 在社群網站和朋友即時通訊
- 下載電子書
- 觀看 YouTube 影片
- 收聽串流音樂

我們日常使用電腦或智慧型手機所做的事，幾乎全都借助了網路之便利。透過課後練習，你可以切身感受網路有多麼重要，一旦網路故障而無法使用，這些事全都無法完成。

第 2 章

打造網路

~ 網路是怎麼運作的呢？~

» 網路規模各不相同

網路要如何表示？

透過纜線連結各式各樣的網路設備、電腦、伺服器，就構成了網路。為了節省書寫之力，多數文件會以雲朵符號來表示網路（圖 2-1）。

一言以敝之，網路規模各不同

根據不同的使用情境，同一個雲朵符號有可能代表不同的網路規模。

以家庭內部網路為例，此時的雲朵符號代表小規模的家庭內部網路，連結電腦或智慧型手機、家電產品等設備。

相對地，企業內部網路通常按部門劃分個別網路。同一個雲朵符號，可能代表某部門數十台電腦所連結的網路，或者是連結了各部門網路的整個企業內部網路。假如雲朵符號代表一整個企業內部網路，則該網路可能連接數以百計、甚至數以千計的電腦或伺服器等設備。

除此之外，雲朵符號也可以代表一整個網際網路。網際網路由來自世界各地的政府、企業、學術組織及個人組織等各種組織所構成，連接全世界幾十億台設備裝置，形成一個非常龐大的網路（圖 2-2）。

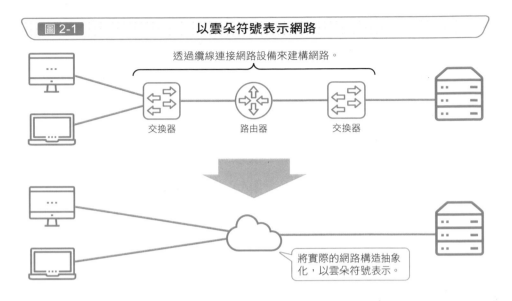

圖 2-1 以雲朵符號表示網路

透過纜線連接網路設備來建構網路。

交換器　　　路由器　　　交換器

將實際的網路構造抽象化，以雲朵符號表示。

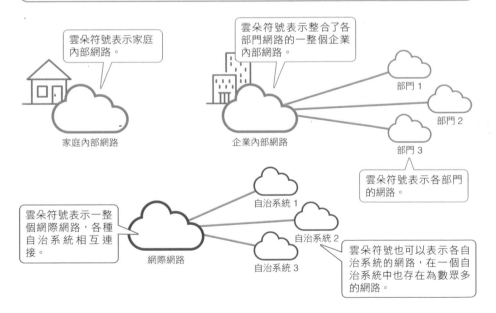

圖 2-2 雲朵符號所表示的網路規模各有不同

雲朵符號表示家庭內部網路。

家庭內部網路

雲朵符號表示整合了各部門網路的一整個企業內部網路。

企業內部網路

部門 1

部門 2

部門 3

雲朵符號表示各部門的網路。

雲朵符號表示一整個網際網路，各種自治系統相互連接。

網際網路

自治系統 1

自治系統 2

自治系統 3

雲朵符號也可以表示各自治系統的網路，在一個自治系統中也存在為數眾多的網路。

Point

✎ 可以使用雲朵符號表示各種網路，將實際網路構造形象化。

✎ 根據不同的使用情境，雲朵符號所表示的網路規模各有不同。

≫ 構成網路的設備

基本的網路設備

構成網路的實體網路設備主要為下列三種（詳細介紹請參閱第 5 章及第 6 章）：

- 路由器
- 二層交換器
- 三層交換器

利用上述的網路設備來傳輸資料，資料傳輸過程包含三個主要步驟：

1. 接收資料

將實際的類比訊號轉換為以 0 和 1 兩個數字組成的「二進位制」數位訊號。

2. 決定資料的目的地

依照資料上的控制項來決定目的地。

3. 發送資料

將資料轉換為類比訊號然後送出，必要時需更改控制項內容。

資料上附加了各種控制資訊，而網路設備的差異體現在第 2 步驟，不同的網路設備會依照不同的控制項來決定資料的傳輸目的地（圖 2-3）。第 6 章將會詳細討論這些網路設備的具體操作內容。

圖 2-3　　　　　　　　　　　　　　**基本的網路設備**

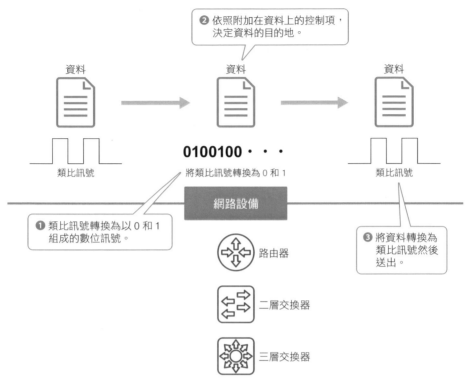

❷ 依照附加在資料上的控制項，決定資料的目的地。

資料　　　　　　　　資料　　　　　　　　資料

0100100・・・

類比訊號　　　將類比訊號轉換為 0 和 1　　　類比訊號

網路設備

❶ 類比訊號轉換為以 0 和 1 組成的數位訊號。

路由器

二層交換器

三層交換器

❸ 將資料轉換為類比訊號然後送出。

路由器

二層交換器

三層交換器

Point

📎 基本的網路設備有三種：

- 二層交換器、路由器、三層交換器

📎 資料傳輸過程的步驟：

1. 接收資料

2. 決定資料的目的地

3. 發送資料

» 網路的具體架構

一起來認識網路的具體架構吧。

- **介面（Interface）**

　　每個設備都有一個介面來連接網路設備、PC、伺服器，介面通常也稱為**埠。目前最主流的是乙太網介面**（圖 2-4），乙太網介面又稱為乙太網或 LAN 埠。

- **傳輸介質與鏈結（Link）**

　　每個設備透過鏈結（Link）連接介面。將介面連結在一起的電纜線稱為傳輸介質，其功能是傳送類比訊號。除了有線電纜之外，無線電波也是一種傳輸介質。如果此時的傳輸介質為無線網路（Wi-Fi），儘管看不見實際的介面和鏈結，仍有一個無形的鏈結存在於網路設備之間。

　　各種設備介面透過傳輸介質建立一個個鏈結，最後形成了網路（圖 2-5）。

介面是什麼境界？

　　所謂的介面有「境界」的意思，網路介面是以 0 和 1 兩個數字組成的數位訊號與類比訊號等實際存在於自然界的訊號所組成的境界。**電腦或智慧型手機、網路設備會在介面上處理數位訊號，將其轉換為類比訊號，再透過鏈結傳送出去**（圖 2-6）。

圖 2-4　　　　　　　　　　乙太網介面示例

圖 2-5　　　　　　　　　　具體網路架構示例

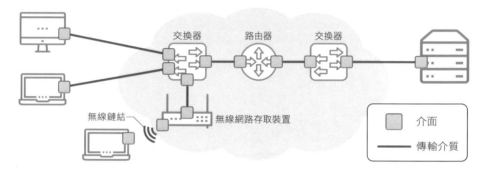

交換器　　路由器　　交換器

無線鏈結　　　　　　　無線網路存取裝置

介面

傳輸介質

圖 2-6　　　　　　　　　　介面是一種境界

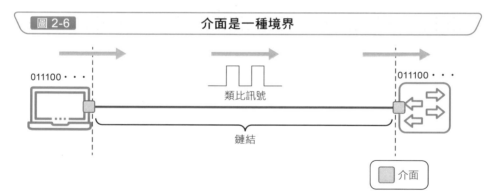

011100‥‥　　　　　　類比訊號　　　　011100‥‥

鏈結

介面

Point

🖉 電腦、伺服器與網路設備透過介面連接網路。

🖉 介面與介面之間透過電纜線等傳輸介質相互連接，形成網路。

🖉 介面是由數位訊號和類比訊號組成的境界。

≫ 建立網路

區域網路的主流技術

企業與家庭內部網路採用區域網路（LAN），對大眾來說並不陌生。如第 1 章所述，區域網路是使用者自行建置的網路，目前有以下兩種主流建置技術 ※1，第 5 章將會詳細介紹。

- 乙太網路
- 無線 LAN（Wi-Fi）

建置區域網路

使用者如欲自行建置區域網路，必須準備二層交換器或三層交換器等備有乙太網介面的網路設備（圖 2-7）。

藉由網路設備的乙太網介面連接 LAN 網路線，在設備之間建立鏈結，形成一個有線的區域網路。

如欲建置一個無線網路，使用者則必須準備具有無線 LAN 存取功能的設備，以及備有無線 LAN 介面的電腦或智慧型手機。具有無線 LAN 存取功能的設備稱為「主機」，電腦或智慧型手機則是「子機」。執行必要設定來產生一個無線 LAN 的鏈結，主機還需要連接一個有線的區域網路，使用者才能進行通訊。

儘管企業和家庭的網路規模不同，但建置區域網路的方法在本質上是相同的（圖 2-8）。

※1　另外還有 token link 或 FDDI 等連接區域網路的其他技術，但現在基本上不採用。

圖 2-7　　　　　　　　　　　　建置家庭內部網路

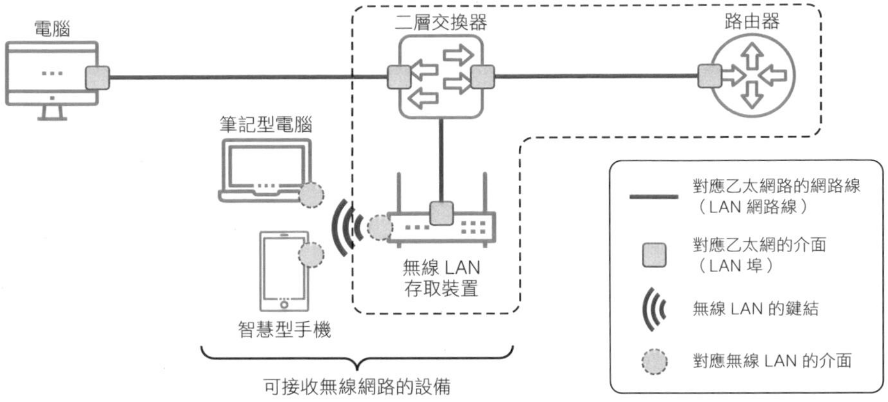

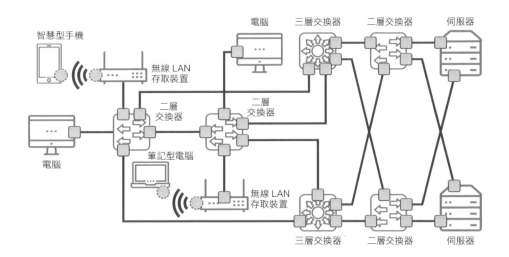

電腦

二層交換器　　　　　　　路由器

筆記型電腦

無線 LAN
存取裝置

智慧型手機

可接收無線網路的設備

────── 對應乙太網路的網路線
（LAN 網路線）

☐　對應乙太網的介面
（LAN 埠）

((ꞏ　無線 LAN 的鏈結

⬭　對應無線 LAN 的介面

※ 一般家用網路設備會將路由器、二層交換器、無線 LAN 存取裝置整合到同一個設備上。

圖 2-8　　　　　　　　　　　　建置企業內部網路

智慧型手機　　　　　　　　　　　　　　　電腦　　三層交換器　　二層交換器　　伺服器

無線 LAN
存取裝置

二層
交換器

二層
交換器

電腦

筆記型電腦

無線 LAN
存取裝置

三層交換器　　二層交換器　　伺服器

Point

🖉 建置區域網路的主流技術有兩個：

- 乙太網路
- 無線 LAN（Wi-Fi）

🖉 具備乙太網介面的設備透過介面相互連接，形成區域網路。

🖉 在具備無線 LAN 介面的設備之間建立無線 LAN 的鏈結。

≫ 想要建立什麼樣的網路？

網路的設計流程

僅僅連接介面，仍無法建立可供通訊的網路。家庭內部網路這種規模較小的網路的確可以在短時間內建置完成，但如果是企業內部網路需要多花一些工夫。所謂的網路設計就是事先仔細考慮要建立什麼樣的網路，設計過程可分成四個主要步驟（圖 2-9）。

1. 要件定義

要件定義是網站設計中最重要的流程，「要件」指網路所提供的功能與效能。根據網路的使用目的，確認該如何產生與取得應用程式的資料、傳輸資料的手段等等網路必須具備的功能與效能。

2. 設計

所謂設計，就是將要件落實到具體的網路架構中。唯有先掌握網路的運作原理，才能正確設計網路架構。因建置網路需要種種設備，關於網路設備的產品知識也不可或缺，在設計這一步驟中也會決定網路設備該如何設定。

3. 建置

根據上一設計步驟所定下的網路架構，建置網路設備，進行連線等設定，確認設備是否正確運作。

4. 營運管理

例行確認網路設備的狀態，一旦發生問題，找出故障原因並進行修復。

圖 2-9　　　　　　　　　　　　　　網路的設計流程

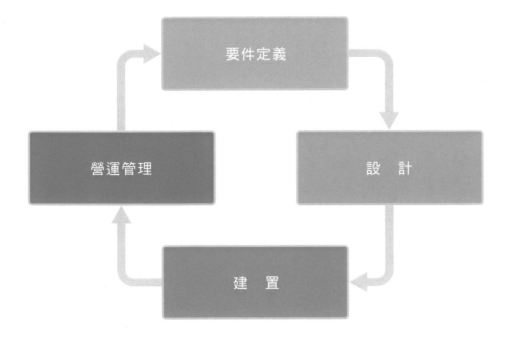

第
2
章

想
要
建
立
什
麼
樣
的
網
路
？
．．．．．．．．
設
計
網
路

流程	概述
要件定義	確認網路的必要功能與效能。
設計	設計符合要件定義的具體網路架構。
建置	根據設計架構，建置網路設備、連線及必要設定。
營運管理	確認網路運作狀態是否正常，發生問題時找出故障原因並著手修復。

Point

🖊 網路設計的主要流程：

1. 要件定義

2. 設計

3. 建置

4. 營運管理

» 掌握網路架構

網路架構圖的種類

確實掌握網路架構是設計網路的前提,在設計的時候,必須清楚彙整並對照邏輯架構圖與實際架構圖。

表示網路之間連接狀態的邏輯架構圖

理論架構圖表示網路與網路之間如何連接,從技術角度來看,路由器或三層交換器區分了一個個網路,各網路透過路由器或三層交換器相互連接。邏輯架構圖幫助使用者清楚掌握哪一個路由器,或三層交換器連接了哪幾個網路(圖 2-10)。

表示設備配置與連線的實際架構圖

實際架構圖則顯示各設備在現實世界的配置地點,以及各設備介面以什麼形式互相連接。實際架構圖幫助使用者瞭解各網路設備的介面究竟連接了哪一條網路線(圖 2-11)。

邏輯架構圖與理論架構圖之對應

一個邏輯架構圖不一定只能對應一個實際架構圖。根據不同的網路設備設定,多個邏輯架構圖可能對應同一個實際架構圖。

確實彙整邏輯架構圖與實際架構圖,是設定網路設備過程中不可或缺的關鍵步驟。

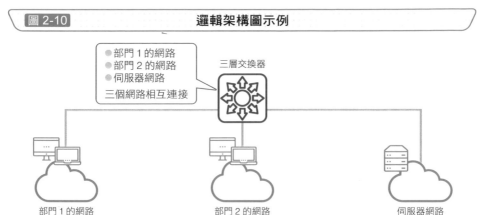

圖 2-10　　　　　　　　　　邏輯架構圖示例

- 部門 1 的網路
- 部門 2 的網路
- 伺服器網路

三個網路相互連接

三層交換器

部門 1 的網路　　　　部門 2 的網路　　　　伺服器網路

一個網路　　　　　　一個網路　　　　　　一個網路

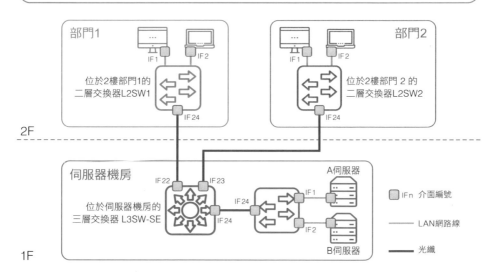

圖 2-11　　　　　　　　　　實際架構圖示例

部門1　　　　　　　　　　　　　　　　部門2

IF 1　　IF 2　　　　　　　　　　IF 1　　IF 2

位於2樓部門1的　　　　　　　　　　　位於2樓部門 2 的
二層交換器L2SW1　　　　　　　　　　二層交換器L2SW2

IF 24　　　　　　　　　　IF 24

2F

伺服器機房　　　IF 22　　IF 23　　　　　A伺服器

　　　　　　　　　　　　　　　IF 24　　IF 1

位於伺服器機房的　　　　　　　　　　　　　IFn 介面編號
三層交換器 L3SW-SE　　IF 24

　　　　　　　　　　　　　　　IF 2　　　　LAN網路線

1F　　　　　　　　　　　　　　B伺服器　　光纖

Point

✐ 確實掌握網路架構是網路營運管理的前提。

✐ 網路架構圖有兩種：

- 邏輯架構圖
- 實際架構圖

43

課 後 練 習

找出你所使用的網路設備

找一找電腦或智慧型手機所連接的網路設備，這個網路設備使用哪一種傳輸介質呢？

網路設備

傳輸介質

表 2-1　　　　　　參考範例：網路設備與傳輸介質

有線網路	
網路設備	二層交換器
傳輸介質	LAN 電纜（雙絞線）

無線網路	
網路設備	無線 LAN 存取裝置或搭載無線 LAN 存取功能的寬頻路由器
傳輸介質	無線電波（2.4GHz 或 5GHz）

網路的共通語言 TCP/IP

~ 網路的共通規則 ~

第 3 章

≫ 網路的共通語言

電腦、智慧型手機、伺服器都使用 TCP/IP

第 1 章曾經提過，電腦或智慧型手機必須遵守稱為「協定」的通訊規則才能進行訊息交流，多個協定組合在一起，就形成了網路架構。網路架構的性質相當於人們進行溝通時所使用的語言。

過去出現過許多種網路架構，而 **TCP/IP 是現在唯一採用的網路架構**。TCP/IP 協定是網路的共通語言，由 TCP（傳輸控制協定，Transmission Control Protocol）與 IP（網際網路協定，Internet Protocol）組成。電腦或智慧型手機的作業系統預先導入了 TCP/IP，方便使用者立即使用。諸如電腦、智慧型手機、各種網路設備等使用 TCP/IP 進行通訊的裝置，統稱為主機（host）。

TCP/IP 的階層模型

TCP/IP 將「透過網路進行通訊」的功能分為多個層次，由許多個協定組合而成。TCP/IP 的階層模型由下而上，分別是「網路介面層」、「網路層」、「傳輸層」及最上層的「應用層」，共有四個階層 [※1]。

圖 3-1 統整了各階層的代表協定，只有當四個階層內的所有協定都正常發揮功能時，才能實現通訊。為了讓某一層正常運作，必須確定其下一層也處於正常運作狀態。以存取網路資料為例，必要的協定組合如圖 3-2 示例。

[※1]　TCP/IP 為四層階層模型，另外還有一種參照 OSI 模型的七層結構。由於 OSI 模型的七層網路架構並未應用於實際生活中，故不在本書中詳述。

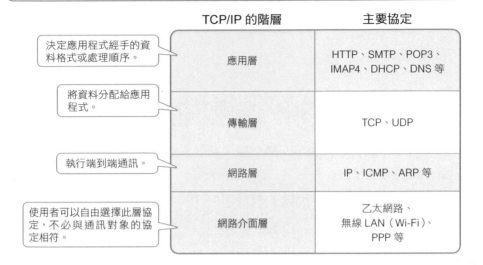

圖 3-1　TCP/IP 階層模型

	TCP/IP 的階層	主要協定
決定應用程式經手的資料格式或處理順序。	應用層	HTTP、SMTP、POP3、IMAP4、DHCP、DNS 等
將資料分配給應用程式。	傳輸層	TCP、UDP
執行端到端通訊。	網路層	IP、ICMP、ARP 等
使用者可以自由選擇此層協定，不必與通訊對象的協定相符。	網路介面層	乙太網路、無線 LAN（Wi-Fi）、PPP 等

圖 3-2　存取網路資料的協定組合

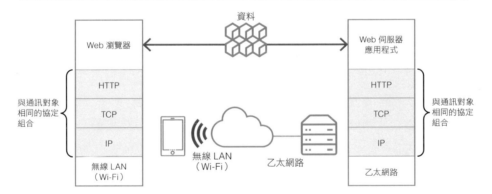

Point

✎ TCP/IP 模型共有四個階層：

- 網路介面層
- 網路層
- 傳輸層
- 應用層

✎ 透過各階層的協定組合，實現應用程式之間的通訊。

≫ 身負傳送資料任務的階層

網路介面層

網路介面層的任務是在同一個網路內傳送資料。**以技術觀點而言,「一個網路」的範圍以路由器或三層交換器加以區隔,一個網路也可能是以二層交換器構成的範圍**(圖 3-3)。

舉例來說,資料可以在同一個二層交換器相互連接的兩台電腦介面之間進行傳輸,透過傳輸介質來傳送經過轉換的類比訊號。

網路介面層所涵蓋的協定包括有線的乙太網路、無線 LAN(Wi-Fi)或 PPP 等協定,網路介面層所使用的協定不需要與通訊對象保持一致。

網路層

網路層中存在許許多多的網路,並不是所有設備都會連接到單一個網路,網路層將各種設備連接在一起,在網路與網路之間傳輸資料。路由器負責連接網路,傳輸資料。以路由器傳輸資料的方法稱為路由(routing)。另外,在發送端與最終接收端之間的資料傳輸過程則稱為端到端通訊(圖 3-4)。

網路層所涵蓋的特定協定包含 IP、ICMP 及 ARP 等,IP 是執行端對端通訊的協定,ICMP 及 ARP 則是 IP 的輔助協定。

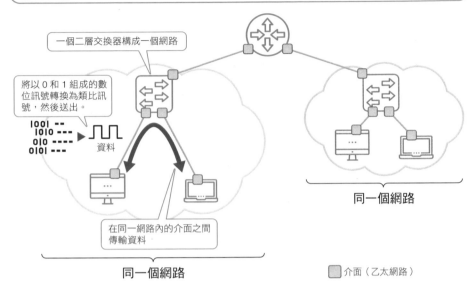

圖 3-3 網路介面層概述

一個二層交換器構成一個網路

將以 0 和 1 組成的數位訊號轉換為類比訊號，然後送出。

資料

在同一網路內的介面之間傳輸資料

同一個網路

同一個網路

同一個網路

介面（乙太網路）

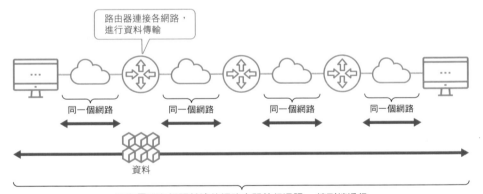

圖 3-4 端到端通訊

路由器連接各網路，進行資料傳輸

同一個網路　同一個網路　同一個網路　同一個網路

資料

兩台電腦在相距甚遠的網路之間執行通訊 = 端到端通信

Point

✎ 網路介面層的任務是在歸屬同一網路的介面之間內傳輸資料。

✎ 網路層的任務是在遠端網路之間傳輸資料。

≫ 為運行應用程式做好充足準備

傳輸層

透過網路,我們在熟悉的電腦上使用無數個應用程式,這件事由傳輸層來主導。傳輸層的任務是將資料指派給適當的應用程式(圖 3-5)。如果網路介面層、網路層及傳輸層都正常運作,就能在發送端與接收端的應用程式之間傳輸資料。

TCP/IＰ傳輸層的協定包括 TCP(傳輸控制協定) 和 UDP(用戶資料包協定)。在採用 TCP 的情況下,假如在傳輸過程中遺失資料,則會重新傳送資料。透過對資料進行分割與編號,**TCP 可以保證端到端通信的可靠性**。

應用層

應用層的任務是決定資料格式或處理順序等規定事項,以實現應用程式的功能。應用層不僅可呈現以 0 或 1 組成的數位訊號,還可以表示文字或圖像等人類可讀的資料(圖 3-6)。

應用層所涵蓋的協定包含 HTTP、SMTP、POP3、DHCP、DNS 等等各式各樣協定。人們相當熟悉的 Google Chrome 及 Microsoft Edge/Internet Explorer 等 Web 瀏覽器採用的協定是 HTTP(超文本傳輸協定,Hyper Text Transfer Protocol)、Outlook.com、Thunderbird 等電子郵件軟體則使用 SMTP 或 POP3。不過,應用層的協定並不一定由應用程式自身使用,比如 DHCP 或 DNS 等協定是為應用程式的通訊做好準備的協定。

圖 3-5 傳輸層概述

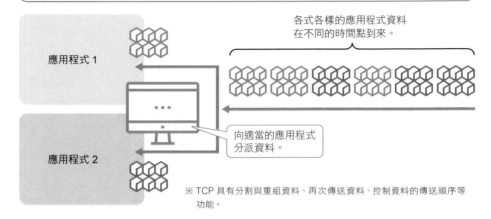

各式各樣的應用程式資料
在不同的時間點到來。

應用程式 1

應用程式 2

向適當的應用程式
分派資料。

※ TCP 具有分割與重組資料、再次傳送資料、控制資料的傳送順序等
功能。

圖 3-6 應用層概述

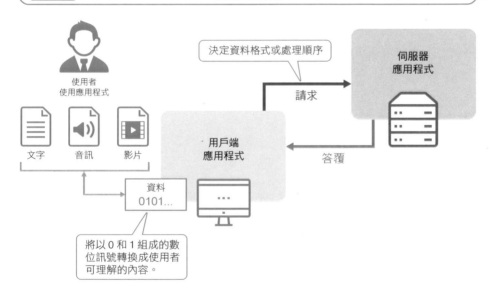

使用者
使用應用程式

文字　音訊　影片

決定資料格式或處理順序

伺服器
應用程式

請求

用戶端
應用程式

答覆

資料
0101...

將以 0 和 1 組成的數
位訊號轉換成使用者
可理解的內容。

Point

✎ 傳輸層的任務是向適當的應用程式分派資料。

✎ 應用層的任務是決定資料格式或處理順序，以利應用程式使用。

≫ 傳輸資料的規則

添加協定控制項「標頭」

作為通訊實體的應用程式如欲實現傳輸資料的功能，則必須組合多個協定，在 TCP/IP 的四個階層中堆疊了許多個通訊協定。

為了實現各自的功能，每一個協定都需要加上控制項（標頭，header）。以用於傳輸資料的協定為例，必須在標頭指定發送端和接收端的位址。每一個協定在發送資料時，都會為其添加一個標頭，這個動作稱為「封裝」（encapsulate），可以想成以標頭將資料包裝起來的概念。

當某個協定接收資料後，**會拆裝屬於該協定的標頭並進行適當處理，然後再傳給其他的協定進行後續處理**，像這樣拆解標頭的動作稱為「拆裝」或「解封裝」（圖 3-7）。

轉換為實際的類比訊號

一起來思考以下傳輸過程的資料全貌：從用戶端電腦的 Web 瀏覽器發送及傳輸資料到 Web 伺服器的 Web 應用程式。首先，以 HTTP 標頭封裝 Web 瀏覽器的資料，然後傳遞給 TCP。接著，添加 TCP 標頭，然後再加上 IP 標頭。最後，加上乙太網路標頭和用來檢測訊框內容是否出錯的 FCS（訊框檢查序列，Frame Check Sequence），就完成一筆可以傳輸於網路之間的完整傳輸資料。

隨後，這筆資料會轉換為對應乙太網路規格的類比訊號，再透過傳輸介質傳送出去（圖 3-8）。

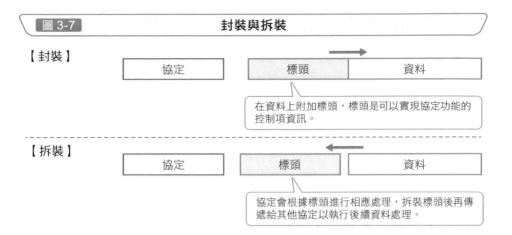

圖 3-7　　　　　　　　　　封裝與拆裝

【封裝】

| 協定 | | 標頭 | 資料 |

在資料上附加標頭，標頭是可以實現協定功能的控制項資訊。

【拆裝】

| 協定 | | 標頭 | 資料 |

協定會根據標頭進行相應處理，拆裝標頭後再傳遞給其他協定以執行後續資料處理。

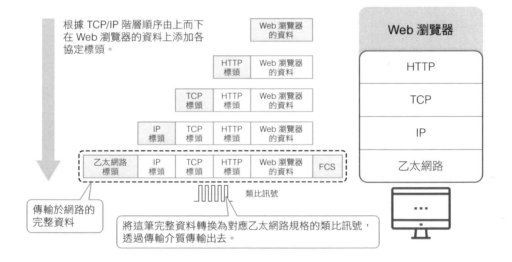

圖 3-8　　　　　　　從 Web 瀏覽器傳輸資料

根據 TCP/IP 階層順序由上而下在 Web 瀏覽器的資料上添加各協定標頭。

Web 瀏覽器的資料

| HTTP 標頭 | Web 瀏覽器的資料 |

| TCP 標頭 | HTTP 標頭 | Web 瀏覽器的資料 |

| IP 標頭 | TCP 標頭 | HTTP 標頭 | Web 瀏覽器的資料 |

| 乙太網路 標頭 | IP 標頭 | TCP 標頭 | HTTP 標頭 | Web 瀏覽器的資料 | FCS |

類比訊號

傳輸於網路的完整資料

將這筆完整資料轉換為對應乙太網路規格的類比訊號，透過傳輸介質傳輸出去。

Web 瀏覽器

| HTTP |
| TCP |
| IP |
| 乙太網路 |

Point

✎ 標頭是幫助各協定處理資料的控制項資訊。

✎ 為資料添加標頭的動作稱為「封裝」。

✎ 各協定拆解標頭並進行相應處理，然後將資料繼續傳遞給其他協定處理的動作稱為「拆裝」。

✎ 以資料發送端而言，會根據 TCP/ IP 階層順序由上而下添加屬於各協定的標頭。

» 接收、傳送資料的規則

以 0 和 1 組成的資料進行傳送

利用傳輸介質傳送出去的類比訊號會經過許許多多個網路設備,最後抵達指定的 Web 伺服器。**網路設備將接收到的類比訊號再次轉換為以 0 和 1 組成的資料。**然後參照對應各網路設備操作的標頭來傳送資料(圖 3-9)。第 5 章和第 6 章將會更詳細討論各網路設備的資料傳輸機制。

利用標頭確認接收端

如果將類比訊號傳遞到運行 Web 應用程式的 Web 伺服器上,將轉換為以 0 和 1 組成的資料。首先乙太網路將參照乙太網路標頭,確認這是一筆發送給自己的資料,再透過 FCS 確認資料是否有誤。確認這筆資料的接收者為自己,則拆解乙太網路標頭與 FCS 標尾,然後將資料傳遞給網路層的 IP 來拆解 IP 標頭,再將資料傳給傳輸層的 TCP。TCP 則參照 TCP 標頭,確認資料要發送給哪一個應用程式。TCP 拆解其標頭後,將資料傳給 Web 伺服器應用程式進行處理。如此一來,當資料抵達 Web 伺服器的 Web 應用程式後,則開始處理 HTTP 標頭和標頭之後的資料內容(圖 3-10)。

請注意,通訊是一種雙向溝通的過程,發送端和接收端並非固定不變,接下來 **Web 伺服器應用程式會成為資料的發送端,而 Web 瀏覽器則成為接收端。**

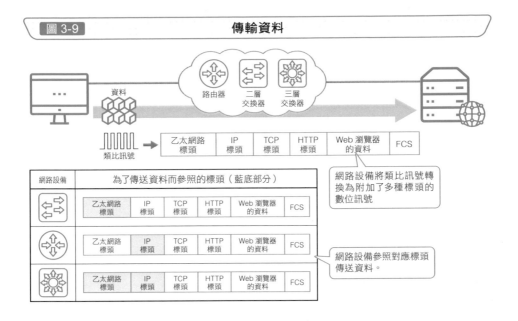

図 3-9　傳輸資料

網路設備	為了傳送資料而參照的標頭（藍底部分）					
	乙太網路標頭	IP標頭	TCP標頭	HTTP標頭	Web 瀏覽器的資料	FCS
	乙太網路標頭	IP標頭	TCP標頭	HTTP標頭	Web 瀏覽器的資料	FCS
	乙太網路標頭	IP標頭	TCP標頭	HTTP標頭	Web 瀏覽器的資料	FCS

網路設備將類比訊號轉換為附加了多種標頭的數位訊號

網路設備參照對應標頭傳送資料。

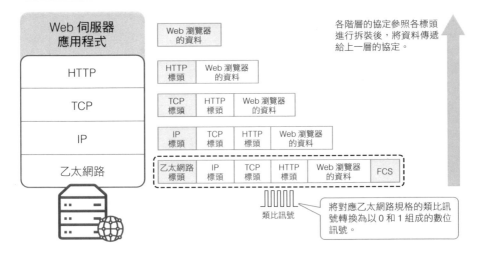

圖 3-10　**Web 伺服器應用程式接收資料**

各階層的協定參照各標頭進行拆裝後，將資料傳遞給上一層的協定。

將對應乙太網路規格的類比訊號轉換為以 0 和 1 組成的數位訊號。

Point

✎ 網路設備將類比訊號轉換為以 0 和 1 組成的資料，並參照各標頭指示傳送資料。

✎ 資料接收端會根據 TCP/ IP 階層順序，由下而上參照各協定標頭進行資料處理。

» 各式各樣的資料稱呼

各階層資料的不同稱呼

應用程式的資料會附加各式各樣的協定標頭再傳輸到網路上，網路架構中各個階層對於資料的稱呼如下：

- 應用層：訊息（message）
- 傳輸層：區段（segment）或資料包（datagram）※2
- 網路層：封包（packet）或資料包（datagram）※3
- 網路介面層：訊框（frame）

資料稱呼的例子

以 Web 瀏覽器進行通訊為例，當 Web 瀏覽器的資料加上 HTTP 標頭後，就成為 HTTP 訊息。加上 TCP 標頭後成為 TCP 區段，再加上 IP 標頭就稱為 IP 封包或 IP 資料包。將 IP 封包加上乙太網路標頭和 FCS 後則稱訊框。（圖 3-11）。

探討網路通訊時可依照不同的資料稱呼方式，判斷現在資料位處哪一層級。舉例來說，如果想討論路由器的功能，則必須關注網路架構中的網路層。路由器是作用在網路層，傳送 IP 封包的網路設備。而二層交換器是作用在網路介面層的網路設備，負責傳送訊框。換句話說，如果想瞭解二層交換器的運作機制，則必須針對網路介面層進行探討。

※2　在傳輸層中，採用 TCP 協定時將資料稱為「區段」，採用 UDP 協定時則稱為「資料包」。
※3　網路層的資料稱為「IP 封包」或「IP 資料包」。

圖 3-11　　　　　　　　　　　**各階層資料稱呼示例**

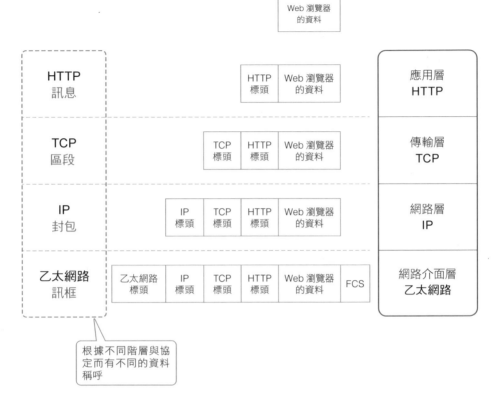

※ 資料稱呼並沒有硬性規定，主要根據網路架構的層次來區分不同的資料稱呼。

Point

✎ TCP/IP 各階層對資料的稱呼如下：

- 應用層：訊息
- 傳輸層：區段或資料包
- 網路層：封包或資料包
- 網路介面層：訊框

✎ 階層對資料的稱呼方式並沒有硬性規定。

» 傳送資料

什麼是 IP ？

　　IP（網際網路協定，Internet protocol）是 TCP/IP 網路架構中特別重要的協定，IP 負責執行「端到端的通訊」。換句話說，IP 的任務就是將網路上某一台電腦的資料，傳輸到另一台電腦上，而發送端和接收端不必位於同一個網路上，可以存在不同網路之中。

將欲傳送的資料變成 IP 封包

　　如果想透過 IP 傳送資料，必須在資料上附加 IP 標頭，變成一組 IP 封包。**IP 標頭包含許多資訊，其中最關鍵的是表示資料發送端與接收段的 IP 位址**（圖 3-12）。

　　IP 所傳送的封包，除了應用層的資料外，還附加了應用層協定標頭及傳輸層協定標頭。接著，IP 封包再加上網路介面層協定標頭之後，就能在網路上進行傳輸。

　　當接收端與發送端處於不同網路時，路由器會協助轉發資料。從發送端主機送出的 IP 封包，會透過路由器進行轉發，最後抵達接收端主機。如圖 3-13 所示，路由器轉發 IP 封包的行為稱為「路由」（routing）。

圖 3-12　　　　　　**IP 標頭（IPv4）的格式**

版本（4）	標頭長度（4）	服務類型（8）	封包長度（16）		
識別元（16）			標誌（3）	分片偏移（13）	
存活時間（8）		協定（8）	標頭檢驗和（16）		
發送端 IP 位址（32）					
接收端 IP 位址（32）					
選項					填充位元

20 位元

通常不會使用選項和填充位元。

※ 括號（　）之內的數字為位元數
※ IPv4 是目前最為廣泛使用的 IP 版本

圖 3-13　　　　　　**利用 IP 進行端到端通訊**

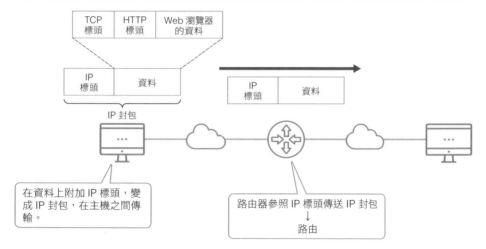

在資料上附加 IP 標頭，變成 IP 封包，在主機之間傳輸。

路由器參照 IP 標頭傳送 IP 封包
↓
路由

※ 上圖省略了必須附加在 IP 封包外的網路介面層協定標頭。

Point

✎ IP 的任務是實現「端對端通訊」，將網路上某一台電腦的資料傳輸到另一台電腦。

✎ 為資料附加 IP 標頭，變成 IP 封包。

✎ 如果發送端和接收端位於不同網路，則透過路由器轉發 IP 封包。

≫ 通訊對象是誰？

IP 位址概述

在 TCP/IP 架構中，IP 位址是用來確認通訊對象的識別資訊。為資料附加 IP 標頭，指定接收端與發送端的 IP 位址，形成一個 IP 封包。**如欲透過 TCP/IP 架構實現網路通訊，那麼一定要指定 IP 位址**，這是網路通訊的關鍵。

在介面設定 IP 位址」

任何連接網路的設備在設定網路介面時，都會綁定 IP 位址，而 IP 協定運行在主機的作業系統上。使用者在系統設定中配置 IP 位址，以便利用 IP 通訊協定進行連線（圖 3-14）。一台電腦可以搭載多個介面，比方説筆記型電腦通常具有有線的乙太網路介面與無線 LAN 介面，可以根據各介面設定不同的 IP 位址。**透過 IP 位址能夠識別的是主機介面，而不是主機本身。**

IP 位址的表示方法

IP 位址一共有 32 個位元，是一組以 0 和 1 排列而成的二進制字串。IP 位址的原始字串對使用者來説不易辨識，因此我們常把 IP 位址劃分為 4 組以小數點「.」區隔的十進制數字，每組由 8 個位元表示。8 個位元的二進制數字可以轉換成介於 0 至 255 之間的十進制數字。**如果在某個 IP 位址中出現超過 256 的數值，則這個 IP 位址有誤。**這種表示方法稱為「點分十進制」（圖 3-15）。

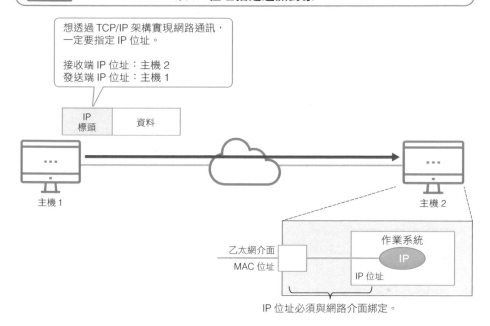

圖 3-14 以 IP 位址指定通訊對象

想透過 TCP/IP 架構實現網路通訊，
一定要指定 IP 位址。

接收端 IP 位址：主機 2
發送端 IP 位址：主機 1

IP 標頭　資料

主機 1　　主機 2

乙太網介面
MAC 位址

作業系統
IP
IP 位址

IP 位址必須與網路介面綁定。

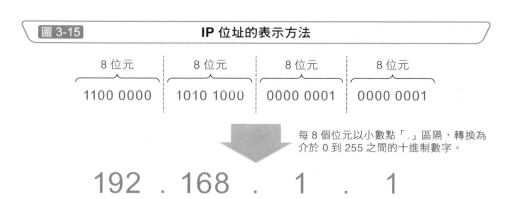

圖 3-15 IP 位址的表示方法

8 位元　8 位元　8 位元　8 位元

1100 0000　1010 1000　0000 0001　0000 0001

每 8 個位元以小數點「.」區隔，轉換為
介於 0 到 255 之間的十進制數字。

192 . 168 . 1 . 1

Point

- 透過 IP 位址指定通訊對象。
- 想透過 TCP/IP 架構實現網路通訊，一定要指定 IP 位址。
- IP 位址以「點分十進制」表示，將每 8 個位元以小數點區分，轉換為四組介於 0 至 255 之間的數字。

≫ 接收端只能有 **1** 個嗎？
可以不只 **1** 個嗎？

資料接收端的差異

使用者透過 IP 通訊協定傳輸資料時，接收端可以是單一個或複數個，根據接收端數量，分為以下三種資料傳輸方式。

單播

「單播」（unicast）是將資料傳送給單一位址的傳輸方式。採用單播方式傳輸資料的 IP 位址稱為「單播位址」，在進行通訊時，必須指定發送端和接收端，標示於 IP 標頭的接收端 IP 位址即接收端主機的單播位址（圖 3-16）。

如果想將完全相同的資料傳輸到多個接收端，在發送端以單播方式重複傳輸資料的做法效率不高，**這時可以採用廣播或多播的方式，將完全相同的資料傳輸到多個目的地。**

廣播

「廣播」（broadcast）是向同一個網路上所有主機傳送完全相同的資料的傳輸方式。將 IP 標頭的接收端 IP 位址指定為廣播位址，就可以在同一個網路上向所有主機傳輸資料（圖 3-17）。

多播

「多播」（multicast）是將完全相同的資料傳輸到一組特定主機，比如運行同一個應用程式的多個主機。如欲進行多播傳輸，須將 IP 標頭的接收端 IP 位址指定為多播位址（圖 3-18）。

圖 3-16　單播

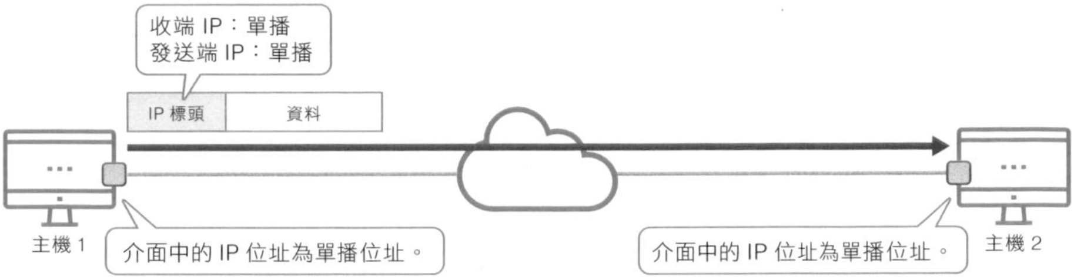

收端 IP：單播
發送端 IP：單播

| IP 標頭 | 資料 |

主機 1　　介面中的 IP 位址為單播位址。　　　　　　介面中的 IP 位址為單播位址。　　主機 2

圖 3-17　廣播

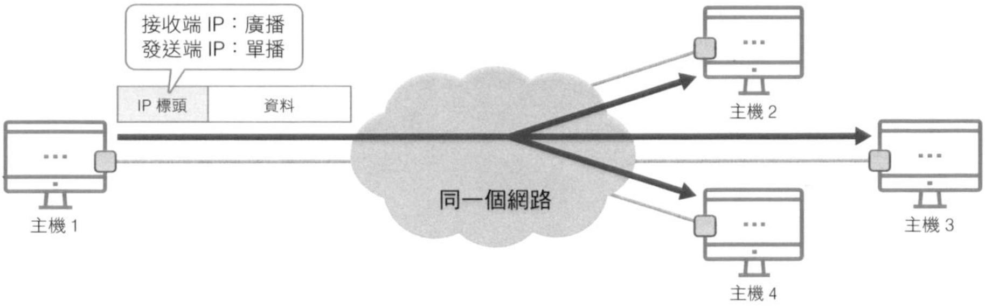

接收端 IP：廣播
發送端 IP：單播

| IP 標頭 | 資料 |

主機 1

同一個網路

主機 2
主機 3
主機 4

圖 3-18　多播

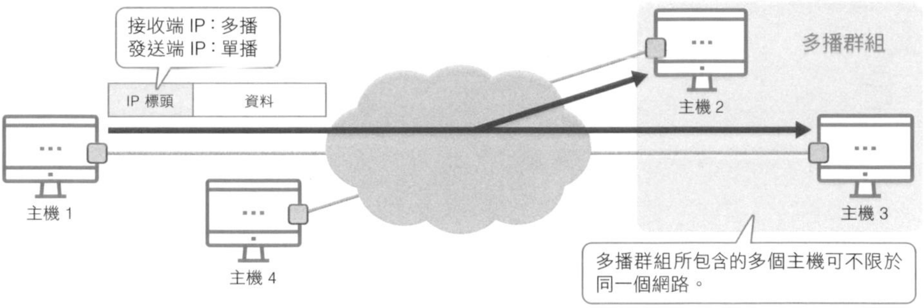

接收端 IP：多播
發送端 IP：單播

| IP 標頭 | 資料 |

多播群組

主機 1

主機 2
主機 3
主機 4

多播群組所包含的多個主機可不限於同一個網路。

Point

✎ 單播是將資料傳輸給單一位址的傳輸方式。

✎ 廣播是將資料傳輸給同一個網路上所有主機的傳輸方式。

✎ 多播是將資料傳輸給特定群組內多個主機的傳輸方式。

» IP 位址的結構大致分為兩個部分

單播 IP 位址的結構

電腦或伺服器等使用 TCP/IP 架構進行通訊的主機所設定的 IP 位址都是單播位址。**在 TCP/IP 架構中，大部分設備都使用單播方式傳輸資料**，因此確實理解單播位址非常重要。

IP 位址以網路部和主機部兩個部分構成 ※4。企業內部網路或網際網路透過路由器或三層交換器相互連接許多個網路，利用位於 IP 位址前半的網路部來識別網路，然後透過主機部來識別網路內的主機（的介面）（圖 3-19）。

廣播 IP 位址

透過廣播將資料傳送給同一網路上的所有主機的廣播位址是由 32 個「1」所組成的一串 IP 位址，以點分十進制表示成「255.255.255.255」※5。

多播 IP 位址

多播位址的範圍界定於「224.0.0.0」至「239.255.255.255」之間。在這個範圍之內，有一些已經事先決定的多播位址，比如「224.0.0.2」這個位址代表「同一個網路上所有路由器」。以 239 開頭的 IP 位址，可讓使用者自行決定群組（表 3-1）。

※4　網路部又稱「網路位址」，主機部又稱「主機位址」。
※5　如果單播位址後半部的主機部的位元全部由「1」組成，那麼這個單播位址也是一個廣播位址。

64

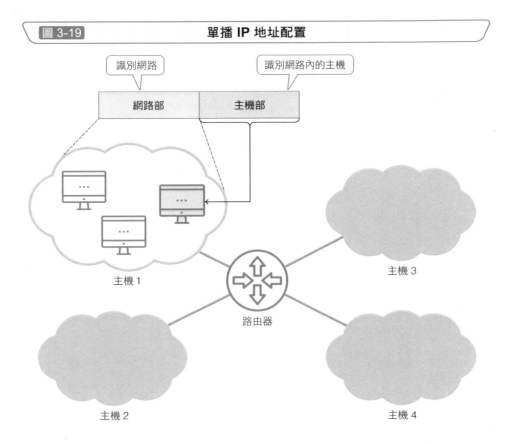

圖 3-19 單播 IP 地址配置

識別網路

識別網路內的主機

網路部　主機部

主機 1

主機 2

路由器

主機 3

主機 4

表 3-1 廣播 IP 地址和多播 IP 地址

種類	範圍
廣播 IP 位址	255.255.255.255
多播 IP 位址	224.0.0.0 ～ 239.255.255.255

Point

✎ 單播位址由網路部與主機部構成。

✎ 廣播 IP 位址是 255.255.255.255。

✎ 多播 IP 位址的範圍介於 224.0.0.0 至 239.255.255.255 之間。

» IP 位址的範圍如何劃分？

什麼是子網路遮罩？

上一節我們學到了 IP 位址由網路部和主機部所構成。**網路部和主機部的劃分可以變動，並非固定不變**，子網路遮罩可以表示 32 個位元的 IP 位址中，到哪一個位元為止屬於網路部。子網路遮罩與 IP 位址一樣，是一串由 32 個「1」或「0」排列組成的字串，「1」表示網路部，而「0」表示主機部。子網路遮罩的位址一定是以連續的「1」或連續的「0」所組成，不存在「1」和「0」交替出現的情況。

為了方便人們閱讀，子網路遮罩的每 8 個位元以小數點「.」區隔，轉換為介於 0 到 255 之間的十進制數字。表 3-2 顯示了子網路遮罩的一些可取值範圍。

此外，「/」後的數字表示連續出現的「1」的數目，這種標記方式稱為前綴表示法。

原則上 IP 位址會加上子網路遮罩，以便明確區隔網路部和主機部，例如 192.168.1.1　255.255.255.0 或 192.168.1.1/24（圖 3-20）。

網路位址與廣播位址

如果 IP 位址主機部的所有位元都以「0」組成，則這個 IP 位址即是用來識別網路的網路位址。比方說，在閱讀網路架構圖時，就是以網路位址來識別圖中網路。

如果主機部的所有位元都是「1」，則是一個廣播位址。除了 255.255.255.255 之外，使用者還可以利用這類格式的廣播位址進行廣播傳輸（圖 3-21）。

表 3-2		子網路遮罩的可取值	
十進制	**二進制**	**十進制**	**二進制**
255	1111 1111	224	1110 0000
254	1111 1110	192	1100 0000
252	1111 1100	128	1000 0000
248	1111 1000	0	0000 0000

圖 3-20　子網路遮罩示例

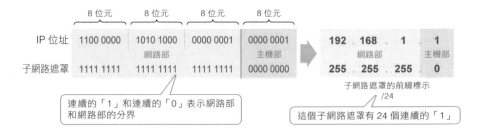

圖 3-21　網路位址與廣播位址

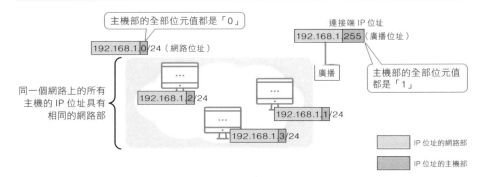

Point

- 子網路遮罩將 IP 位址分為網路部和主機部。
- 子網路遮罩由 32 個位元組成,「1」表示網路部,「0」表示主機部。
- 子網路遮罩的表示方法與 IP 位址相同,每 8 個位元以小數點「.」區隔,轉換為十進制的值。
- 子網路遮罩的前綴表示法利用「/」後的數值表示「1」位元的數量。

» 連接網路分成兩個階段

實際連接與邏輯連接

仔細探討「連接網路」，這件事分為兩個階段：「實際上的連接」和「邏輯上的連接」。在 TCP/ IP 架構中，實際上的連接發生在網路介面層，而邏輯上的連接發生在網路層。

實際上的連接指傳輸實際的類比訊號，具體的例子像是在乙太網的介面連接 LAN 網路線、連接無線 LAN 存取點，或是接收行動電話基站上的無線電波等等。

在實際連接網路後，還需要進行「邏輯上的連接」，也就是設定 IP 位址。目前通訊界所採用的網路架構是 TCP/IP 架構，而使用者必須指定 IP 位址才能進行通訊。比方說，將主機的 IP 位址設定為 192.168.1.1/24，則代表主機連接到名為「192.168.1.1/24」的網路，可以使用 TCP/IP 架構進行通訊（圖 3-22）。

對於不熟悉 IT 技術的一般使用者來說，設定 IP 位址這件事的難度太高了，因此它**通常由 DHCP（動態主機設定協定）自動設定，使用者不需要自行設定 IP 位址**。換句話說，接上 LAN 網路線完成「實際上的連接」後，也會自動完成「邏輯上的連接」，在完成 IP 設定後，才是真正地完成「連接網路」這件事。

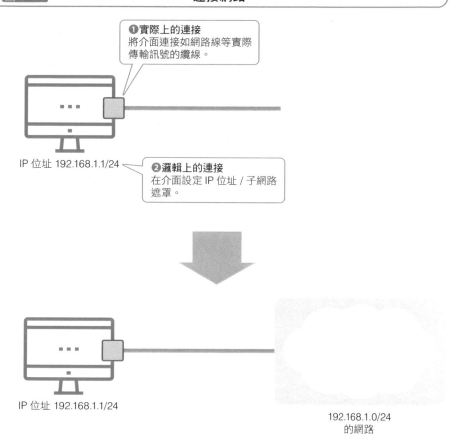

圖 3-22　　連接網路

❶實際上的連接
將介面連接如網路線等實際傳輸訊號的纜線。

IP 位址 192.168.1.1/24

❷邏輯上的連接
在介面設定 IP 位址 / 子網路遮罩。

IP 位址 192.168.1.1/24

192.168.1.0/24
的網路

Point

✎ 連接網路分成兩個階段：

- 實際上的連接
- 邏輯上的連接

✎ 實際上的連接是指「插上 LAN 網路線」等實際傳輸信號的動作。

✎ 邏輯上的連接是指為介面設定 IP 位址。

3-13

》網際網路位址與專用網路位址

IP 位址的利用範圍

IP 位址的利用範圍分為兩類：全域位址（公開位址）和專用位址。

全域位址，又稱公開位址，是使用於網際網路的位址，**想在網際網路進行通訊，一定要具備全域位址**。網際網路上不會出現重複的全域位址，因此，使用者不可以隨意新增或更改全域位址，而是必須與網際網路服務供應商簽約，取得一個特定的全域位址 ※6。

用於諸如企業內部網路等專用網路的 IP 位址則是專用位址，其 IP 範圍如下：

- 10.0.0.0 ～ 10.255.255.255
- 172.16.0.0 ～ 172.31.255.255
- 192.168.0.0 ～ 192.168.255.255

只要專用網路的 IP 位址介於以上範圍內，即為有效 IP 位址，可以自由使用。**即使出現重複的專用位址，也不會影響專用網路內的通訊**（圖 3-23）。

從專用網路向網際網路通訊

如果想從專用網路存取網際網路，則必須利用下一節的 NAT（網路位址轉換，Network Address Translation），無法直接進行通訊（圖 3-24）。

※6　根據不同的網際網路連接服務，可能也有無法取得全域位址的情況。

圖 3-23 　全域位址與專用位址

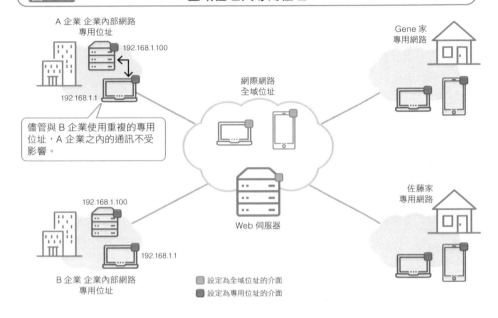

A 企業 企業內部網路
專用位址

192.168.1.100

192.168.1.1

儘管與 B 企業使用重複的專用
位址，A 企業之內的通訊不受
影響。

網際網路
全域位址

Gene 家
專用網路

192.168.1.100

192.168.1.1

B 企業 企業內部網路
專用位址

Web 伺服器

佐藤家
專用網路

■ 設定為全域位址的介面
■ 設定為專用位址的介面

圖 3-24 　從專用網路向網際網路通訊

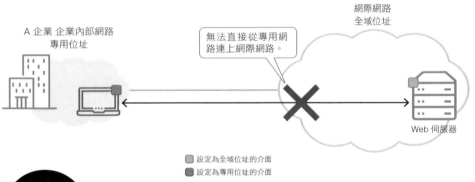

A 企業 企業內部網路
專用位址

無法直接從專用網
路連上網際網路。

網際網路
全域位址

Web 伺服器

■ 設定為全域位址的介面
■ 設定為專用位址的介面

Point

✎ 全域位址是使用於網際網路的位址。

✎ 專用位址是使用於專用網路的位址。

✎ 專用位址的範圍：

 ・ 10.0.0.0 ～ 10.255.255.255

 ・ 172.16.0.0 ～ 172.31.255.255

 ・ 192.168.0.0 ～ 192.168.255.255

第
3
章

網際網路位址與專用網路位址 ⋯⋯ 全域位址、專用位址

» 從專用網路存取網際網路

直接使用專用位址通訊，無法收到答覆

直接透過專用網路的位址存取網際網路是行不通的。專用位址的確可以向伺服器發送請求，但是無法收到答覆。從專用網路的電腦發送請求到網際網路的伺服器，此時的接收端是全域位址，發送端是專用位址。伺服器接收請求後會返回答覆，但此時的接收端是專用位址，而發送端變成全域位址，**在網際網路中，那些接收端為專用位址的 IP 封包會被捨棄**（圖 3-25）。

轉換位址

如果想從專用網路存取網際網路，進行通訊，則必須採用 NAT（網路位址轉換，Network Address Translation）進行轉換（圖 3-26）。

❶ 從專用網路傳送請求到網際網路上的接收端時，轉換發送端的 IP 位址。

❷ 路由器會管理一個紀錄位址對應關係的 NAT 表。

❸ 當與請求相對應的答覆返回經過路由器，此時會使用 NAT 表中所記錄的位址對應關係，轉換為原本的接收端 IP 位址。

如果將專用網路與全域網路一對一對應，那麼會需要非常大量的全域位址。為了解決位址枯竭問題，NAPT（網路位址埠轉換，Network Address Port Translation）是將多個專用網路對應一個全域位址的轉換方法。

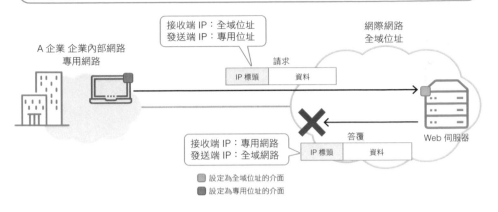

圖 3-25　　　　**捨棄接收端為專用位址的答覆**

A 企業 企業內部網路
專用網路

接收端 IP：全域位址
發送端 IP：專用位址

網際網路
全域位址

請求

| IP 標頭 | 資料 |

接收端 IP：專用網路
發送端 IP：全域網路

答覆

| IP 標頭 | 資料 |

Web 伺服器

■ 設定為全域位址的介面
■ 設定為專用位址的介面

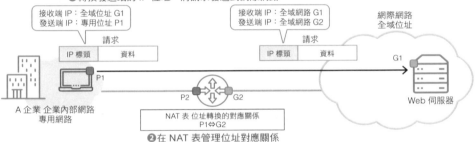

圖 3-26　　　　**NAT 的位址轉換原理**

❶轉換發送端的 IP 位址，將請求發送到網際網路

接收端 IP：全域位址 G1
發送端 IP：專用位址 P1

接收端 IP：全域位址 G1
發送端 IP：全域網路 G2

網際網路
全域位址

請求

| IP 標頭 | 資料 |

請求

| IP 標頭 | 資料 |

G1

A 企業 企業內部網路
專用網路

P1

P2　　G2

Web 伺服器

NAT 表 位址轉換的對應關係
P1⇔G2

❷在 NAT 表管理位址對應關係

❸接收到來自網際網路的答覆，將接收端 IP 轉換回原本的專用位址

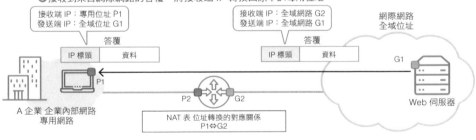

接收端 IP：專用位址 P1
發送端 IP：全域位址 G1

接收端 IP：全域網路 G2
發送端 IP：全域網路 G1

網際網路
全域位址

答覆

| IP 標頭 | 資料 |

答覆

| IP 標頭 | 資料 |

G1

A 企業 企業內部網路
專用網路

P1

P2　　G2

Web 伺服器

NAT 表 位址轉換的對應關係
P1⇔G2

Pi（i=1,2）專用位址　■ 設定為全域位址的介面
Gi（i=1,2）全域位址　■ 設定為專用位址的介面

Point

✎ 網際網路的通訊會捨棄那些接收端為專用位址的 IP 封包。

✎ 透過 NAT 將專用位址轉換為全域位址，使用者可以利用專用網路存取
網際網路，進行通訊。

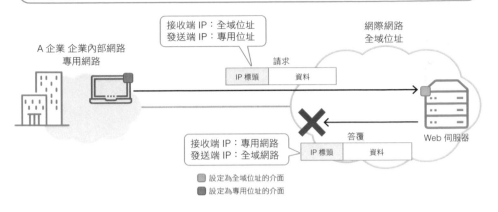

» 資料可以確實傳輸到接收端嗎？

IP 不會確認接收與否

網際網路協定（IP）可以將資料傳送到另一台主機，但並不具備確保資料確實抵達的機制，它只能為資料附加 IP 標頭，變成一個 IP 封包，然後傳輸到網路上。如果成功傳輸到接收端，就會返回答覆，反之，如果沒有成功傳輸到目的地，將永遠無法收到答覆，也無法知道傳輸失敗的原因。「盡力而為」（best effort）是利用網際網路協定傳輸資料的特徵，也就是 **IP 會「竭盡所能傳送資料，但如果無法使命必達，只好說聲抱歉」**。

針對這個問題而開發的「網際網路控制訊息協定」（ICMP，Internet Control Message Protocol），其功能包括確認 IP 的端到端通訊是否成功。

ICMP 的功能

ICMP 具有以下兩個主要功能：

- 錯誤報告
- 診斷功能

如果出於某種原因而捨棄 IP 封包，則執行此動作的設備會依據 ICMP，對該 IP 封包的發送端傳送一個名為「目的不可達」的錯誤報告。如此一來，發送端就可以瞭解端到端通訊的失敗原因。（圖 3-27）。

ICMP 的診斷功能經常以 ping 指令來確認 IP 端到端通訊是否可行。ping 的運作原理是向目標主機傳出一個 ICMP 的請求回顯封包，並等待接收回顯回應封包，以便確認封包能否透過 IP 協定到達指定主機（圖 3-28）。

圖 3-27 **ICMP 錯誤報告**

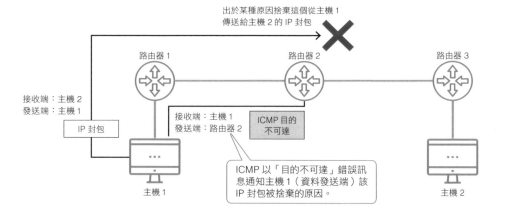

出於某種原因捨棄這個從主機 1
傳送給主機 2 的 IP 封包

路由器 1　　　　　路由器 2　　　　　路由器 3

接收端：主機 2
發送端：主機 1

IP 封包

接收端：主機 1
發送端：路由器 2

ICMP 目的
不可達

ICMP 以「目的不可達」錯誤訊
息通知主機 1（資料發送端）該
IP 封包被捨棄的原因。

主機 1　　　　　　　　　　　主機 2

圖 3-28　　**ping 指令**

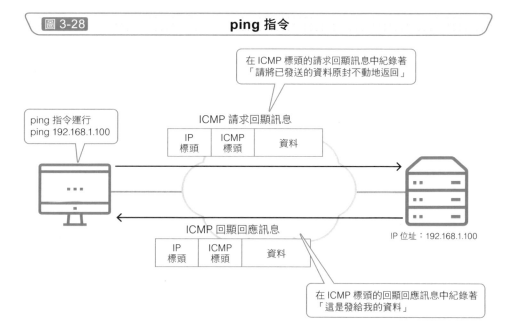

在 ICMP 標頭的請求回顯訊息中紀錄著
「請將已發送的資料原封不動地返回」

ping 指令運行
ping 192.168.1.100

ICMP 請求回顯訊息

| IP 標頭 | ICMP 標頭 | 資料 |

ICMP 回顯回應訊息

| IP 標頭 | ICMP 標頭 | 資料 |

IP 位址：192.168.1.100

在 ICMP 標頭的回顯回應訊息中紀錄著
「這是發給我的資料」

Point

- ICMP 可確認 IP 間的資料傳輸是否正常運作。

- 資料發送端可以利用 ICMP 的「目的地不可達」錯誤訊息來瞭解 IP 封包被捨棄的原因。

- ping 指令可確認特定 IP 位址之間的通訊是否可行。

》對應 IP 位址與 MAC 位址

什麼是 ARP？

　　TCP/IP 網路架構的資料傳輸方式是指定接收端的 IP 位址以傳送資料封包（IP 封包），作為接收端的電腦或伺服器的介面必須根據 MAC 位址來識別資料，此時需要利用 ARP（位址分析協定，Address Resolution Protocol）將 IP 位址對應正確的 MAC 位址。

　　從乙太網介面送出 IP 封包時，會附加一個乙太網標頭來指定接收端 MAC 位址，此時會利用 ARP 以取得與接收端 IP 位址對應的 MAC 位址，這個動作稱為「位址解析」（圖 3-29）。第 5 章會更詳細探討乙太網相關內容。

ARP 的運作流程

　　ARP 的位址解析範圍介於同一個網路之內的 IP 位址。透過乙太網介面連接的電腦等設備，為了傳送 IP 封包，必須指定接收端的 IP 位址，此時 ARP 會自動運作。儘管使用者不會特別意識到 ARP 正在運作，但是**透過 ARP 進行位址解析**這件事是網路運作原理的關鍵。ARP 的運作流程如下（圖 3-30）：

❶ 向接收端主機發送一個「欲對應 IP 位址與 MAC 位址」的 ARP 請求。
❷ 由接收端主機返回一個 ARP 答覆，該答覆中記錄著 MAC 位址。
❸ 將 IP 位址與 MAC 位址的對應關係儲存為一個 ARP 快取。

圖 3-29　**對應接收端的 IP 位址與 MAC 位址**

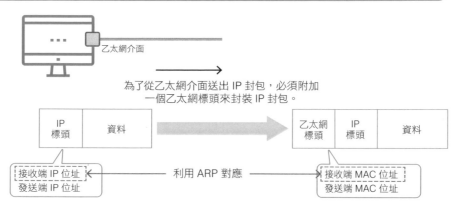

乙太網介面

為了從乙太網介面送出 IP 封包，必須附加
一個乙太網標頭來封裝 IP 封包。

IP 標頭	資料
接收端 IP 位址 發送端 IP 位址	

利用 ARP 對應

乙太網標頭	IP 標頭	資料
接收端 MAC 位址 發送端 MAC 位址		

圖 3-30　**ARP 運作流程**

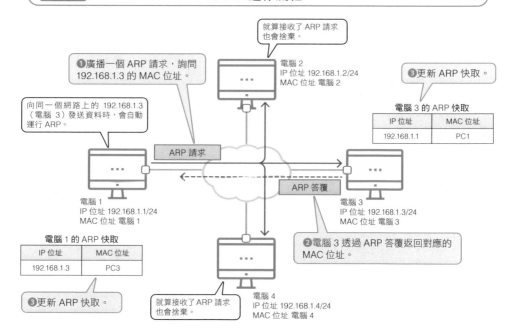

就算接收了 ARP 請求
也會捨棄。

電腦 2
IP 位址 192.168.1.2/24
MAC 位址 電腦 2

❸更新 ARP 快取。

電腦 3 的 ARP 快取

IP 位址	MAC 位址
192.168.1.1	PC1

❶廣播一個 ARP 請求，詢問
192.168.1.3 的 MAC 位址。

向同一個網路上的 192.168.1.3
（電腦 3）發送資料時，會自動
運行 ARP。

ARP 請求

ARP 答覆

電腦 1
IP 位址 192.168.1.1/24
MAC 位址 電腦 1

電腦 3
IP 位址 192.168.1.3/24
MAC 位址 電腦 3

電腦 1 的 ARP 快取

IP 位址	MAC 位址
192.168.1.3	PC3

❷電腦 3 透過 ARP 答覆返回對應的
MAC 位址。

❸更新 ARP 快取。

就算接收了 ARP 請求
也會捨棄。

電腦 4
IP 位址 192.168.1.4/24
MAC 位址 電腦 4

Point

✐ 「位址解析」是將 IP 位址對應到相應 MAC 位址的動作。

✐ 利用 ARP 自動運行位址解析，取得與接收端 IP 位址相對應的 MAC
位址。

» 利用連接埠號為應用程式排序

連接埠號的任務

　　為了讓資料在運行於主機的應用程式中進行排序，首先必須利用連接埠號來識別不同應用程式（圖 3-31）。 連接埠是註明於 TCP 或 UDP 標頭，用來識別 TCP/IP 應用程式的辨識號碼，以 16 位元數值表示，可取值範圍介於 0 至 65535，表 3-3 內的三種範圍各有意義。

以公認連接埠號等待來自 Web 瀏覽器的請求

　　「公認連接埠號」是事先指定的連接埠號，可以辨認出這個連線使用的通訊協定。如欲指定伺服器應用程式，必須以公認連接埠號等待來自用戶端應用程式的請求。表 3-4 是應用程式協定的主要公認連接埠號。

已登錄連接埠

　　「已登錄連接埠」是除了公認連接埠號之外，已事先指定的常用連接埠。

動態／專用埠

　　「動態／專用埠」是用以識別用戶端應用程式的連接埠。與前兩者不同的是，動態／專用埠不需要事先指定，在進行通訊時以動態方式指定該用戶端應用程式。

圖 3-31　　　　　　　　　　　通訊埠號概要

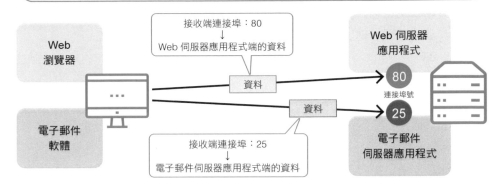

接收端連接埠：80
↓
Web 伺服器應用程式端的資料

Web 瀏覽器

電子郵件軟體

資料

資料

接收端連接埠：25
↓
電子郵件伺服器應用程式端的資料

Web 伺服器應用程式

80
連接埠號

25

電子郵件伺服器應用程式

表 3-3　　　　　　　　　　　通訊埠號的範圍

名稱	連接埠範圍	意義
公認連接埠號	0~1023	用於伺服器應用程式，已事先指定的連接埠號。
已登錄連接埠	1024~49151	伺服器端應用程式的常用連接埠號。
動態／專用埠	49152~65535	用戶端應用程式的連接埠號。

表 3-4　　　　　　　　　　　主要公認通訊埠號

協定	TCP	UDP
HTTP	80	—
HTTPS	443	—
SMTP	25	—
POP3	110	—
IMAP4	143	—
FTP	20/21	—
DHCP	—	67/68

Point

🖊 透過連接埠號來辨識應用程式，以便適當指派資料。

🖊 在 TCP 或 UDP 標頭中指定連接埠號。

🖊 介於 0~1023 的公認通訊埠號是已事先指定，用來辨識伺服器應用程式的主要連接埠號。

» 確實傳送應用程式的資料

什麼是傳輸控制協定（TCP）？

傳輸控制協定（TCP）是在可信賴的應用程式之間傳輸資料的通訊協定。**如果透過 TCP 進行資料傳輸，則應用程式協定不需要具有可靠性機制。**

透過 TCP 傳輸資料的步驟

透過 TCP 傳輸資料的步驟如下：

❶ 建立 TCP 連線

❷ 在應用程式之間傳輸資料

❸ 切斷 TCP 連線

首先，第一步是檢查發送和接收資料的應用程式之間是否能夠正常通訊，這個建立連線的確認過程必須經過三次確認的動作，因此稱為「三向交握（three way handshake）」。

為了利用 TCP 傳輸資料，第二步則必須在資料上附加應用程式協定標頭和 TCP 標頭，形成一個 TCP 區段。如果應用程式的資料量很大，則將其拆分為多個 TCP 區段再進行傳輸。**TCP 標頭將會標註資料劃分與標號方式，以供接收端按照順序組裝資料。**另外，當確認接收資料後，TCP 以 ACK（Acknowledge）確認接收資料，並再次發送未被接收的資料。如果遇到網路壅塞，TCP 會採用「流量控制」來調節資料傳輸速度。

最後，完成資料傳輸後，第三步就是切斷 TCP 連線（圖 3-32）。

圖 3-32　　透過 TCP 傳輸資料的步驟

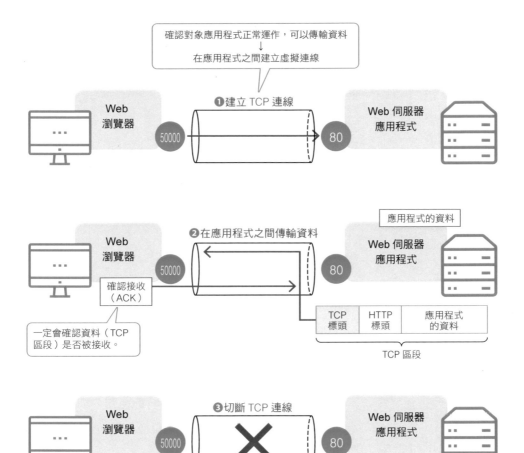

確認對象應用程式正常運作，可以傳輸資料
↓
在應用程式之間建立虛擬連線

❶建立 TCP 連線

Web 瀏覽器　50000　　　　80　Web 伺服器 應用程式

❷在應用程式之間傳輸資料

應用程式的資料

Web 瀏覽器　50000　　　　80　Web 伺服器 應用程式

確認接收（ACK）

一定會確認資料（TCP 區段）是否被接收。

TCP 標頭	HTTP 標頭	應用程式 的資料

TCP 區段

❸切斷 TCP 連線

Web 瀏覽器　50000　　✕　　80　Web 伺服器 應用程式

Point

🖉 傳輸控制協定（TCP）可在可信賴的應用程式之間傳輸資料。

🖉 透過 TCP 傳輸資料的步驟如下：

- 建立 TCP 連線
- 在應用程式之間傳輸資料
- 切斷 TCP 連線

第 3 章　確實傳送應用程式的資料 ⋯⋯⋯ 傳輸控制協定（TCP）

» 利用 TCP 分割資料

TCP 標頭格式

在欲透過 TCP 進行傳輸的資料上附加 TCP 標頭，形成一個 TCP 區段，其格式如表 3-5 所示。

TCP 標頭中最關鍵的資訊是連接埠編號，其功能為辨識正確的應用程式並指派資料。

其次，為了傳輸具可信度的資料，必須利用序列編號與 ACK 編號。序號如其名「序列（sequnce）」所示，表示透過 TCP 的資料傳輸順序。如果資料被分割，則可透過序列編號瞭解資料分割的具體情形。ACK 編號則是用來確認資料被正常接收與否。

資料分割的原理

TCP 通訊協定還具有分割資料的功能，其分割資料的單位為 MSS（最大區段大小，Maximun Segment Size），**MSS 的標準大小為 1460 位元**，超過這個大小的資料會被分割成數個以 MSS 為單位的資料。

當我們在瀏覽網頁時，傳輸自 Web 伺服器應用程式的大量資料會如何以 TCP 分割呢？此時的應用程式協定是 HTTP，因此 HTTP 標頭將附加到資料上，而這就是 TCP 要處理的資料。這一份資料將以 MSS 為單位，分割成多份規模較小的資料，並在每份資料上附加 TCP 標頭，形成多個 TCP 區段。使用者可以查看 TCP 標頭內的序號，瞭解資料的分割方式（圖 3-33）。

表 3-5 　　　　　　　　　　**TCP 標頭格式**

發送端連接埠（16）			接收端連接埠（16）
序號（32）			
ACK 編號（32）			
資料補償（4）	保留（6）	標誌（6）	滑動視窗（16）
確認檢查碼（16）			緊急資料（16）

※ 括號（　）之內的數字為位元數

圖 3-33 　　　　　　　　　**資料分割（以網頁資料為例）**

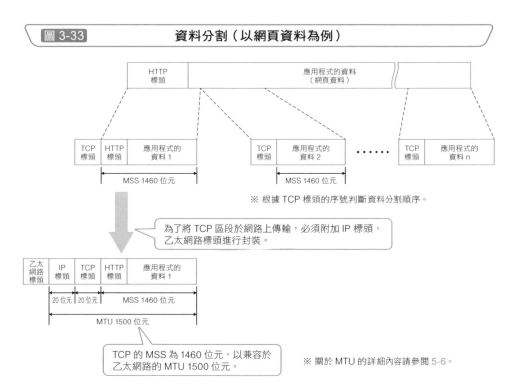

※ 根據 TCP 標頭的序號判斷資料分割順序。

為了將 TCP 區段於網路上傳輸，必須附加 IP 標頭、乙太網路標頭進行封裝。

TCP 的 MSS 為 1460 位元，以兼容於乙太網路的 MTU 1500 位元。

※ 關於 MTU 的詳細內容請參閱 5-6。

Point

- 在欲進行傳輸的應用程式資料上附加 TCP 標頭，形成一個 TCP 區段，以便透過 TCP 傳輸。
- TCP 會視需求分割資料。
- TCP 的資料分割單位為 MSS。

» 僅執行向應用程式分派資料的任務

用戶資料包協定（UDP）

用戶資料包協定（UDP，User Datagram Protocol）是將傳輸到電腦或伺服器的資料指派給適當應用程式的通訊協定，它並不具備 TCP 的接收確認功能。使用 UDP 傳輸應用程式的資料時，會在資料上附加 UDP 標頭，形成一個 UDP 資料包。**與 TCP 標頭格式相比，UDP 標頭格式相當簡單**（表3-6）。

UDP 的使用案例

UDP 並不會確認對方應用程式是否正常運作，而是直接傳輸資料包，發送應用程式的資料。**相較於 TCP，不會執行過多處理的 UDP，優點是資料傳輸效率較高**。相對地，由於 UDP 並不會確認資料是否被對方應用程式接收，其缺點就是缺乏可靠性。如果想要確認資料接收與否，則必須額外在應用程式上加入可靠性機制。

此外，**UDP 也不具備分割大型資料的功能**，因此在傳輸大型資料時，必須先透過應用程式事先分割資料。

IP 電話是採用 UDP 傳輸資料的典型案例。IP 電話將音訊檔案細緻地分割成無數個資料，一般而言，1 秒的音訊檔案會分割成 50 個資料，每份資料為 20 毫秒，這些經分割的音訊檔案會加上 UDP 標頭，然後進行傳送（圖3-34）。

表 3-6	UDP 標頭格式	
發送端連接埠（16）		接收端連接埠（16）
資料包長度（16）		檢驗和（16）

※ 括號（　）之內的數字為位元數

圖 3-34　傳輸 IP 電話的音訊資料

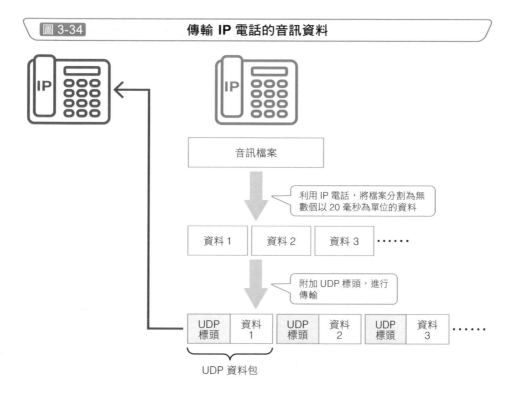

UDP 資料包

Point

✎ 用戶資料包協定（UDP）是僅僅執行向應用程式指派資料的通訊協定。

✎ UDP 可用來傳輸即時資料，如 IP 電話的音訊檔案。

≫ 網路的電話簿

必須指定 IP 位址

TCP/IP 網路架構是網路的共通語言,如欲進行通訊,一定要指定通訊對象的 IP 位址(圖 3-35)。

位址解析

話雖如此,讓使用者背誦以一長串數字組成的 IP 位址顯然有點困難,因此,運行應用程式的伺服器將使用較為容易理解的網域名稱(如:www.google.com)來稱呼用戶端電腦等主機。

對於使用應用程式的使用者來說,他們眼中所看到的是表示網站位址的 URL 或者是電子郵件位址,而這些位址就包含了網域名稱或用來取得網域名稱的資訊。

只要使用者指定了應用程式的位址,網域名稱系統(DNS,Domain Name System)就能自動取得與網域名稱對應的 IP 位址,而這個取得配對的動作稱為「域名解析」。**DNS 是目前最為通用的域名解析方法。**

網路的電話簿

DNS 就像平常儲存於手機裡的電話簿。想要撥打電話給某人,必須先取得對方的電話號碼。然而,背誦所有電話號碼實非易事,因此可以事先在手機的電話簿儲存人名與電話號碼。在撥打電話時,只要查找對方的名字,就能直接撥號進行通訊。

同理,**想在 TCP/IP 網路架構中進行通訊,可以透過 DNS 來查詢 IP 位址**(圖 3-36)。

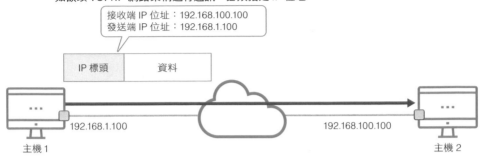

圖 3-35　　　　　**IP 位址是不可或缺的通訊要件**

如欲以 TCP/IP 網路架構進行通訊，必須指定 IP 位址。

接收端 IP 位址：192.168.100.100
發送端 IP 位址：192.168.1.100

IP 標頭　　資料

主機 1　　192.168.1.100　　　　　　　　192.168.100.100　　主機 2

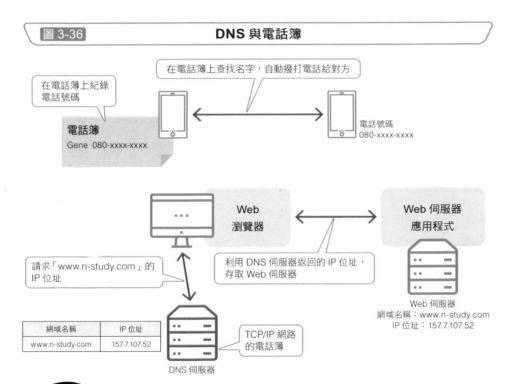

圖 3-36　　　　　　**DNS 與電話簿**

在電話簿上查找名字，自動撥打電話給對方

在電話簿上紀錄
電話號碼

電話簿
Gene 080-xxxx-xxxx

電話號碼
080-xxxx-xxxx

Web
瀏覽器

Web 伺服器
應用程式

請求「www.n-study.com」的
IP 位址

利用 DNS 伺服器返回的 IP 位址，
存取 Web 伺服器

Web 伺服器
網域名稱：www.n-study.com
IP 位址：157.7.107.52

網域名稱	IP 位址
www.n-study.com	157.7.107.52

TCP/IP 網路
的電話簿

DNS 伺服器

Point

- 如欲在 TCP/IP 網路架構中進行通訊，必須指定 IP 位址。
- 因為 IP 位址不易解讀，因此常改為使用網域名稱進行通訊。
- DNS 是目前主流的域名解析方法，利用網域名稱取得對應的 IP 位址。

» 利用 DNS 自動取得 IP 位址

DNS 伺服器

你需要一個 DNS 伺服器，以便使用網域名稱系統。DNS 伺服器中預先登記了網域名稱與 IP 位址，並且記錄各種資訊。資源紀錄是記錄於 DNS 伺服器的資訊，表 3-7 整理了一些主要的資源紀錄類型。

DNS 域名解析

DNS 如何進行域名解析？首要前提是在 DNS 伺服器中正確登錄必要資訊（資源紀錄類型）。DNS 是一個分層級的分散式名稱對應系統，類似電腦的目錄樹結構：在最頂端的是一個「根」（root），而其下分為好幾個基本類別名稱。

接著，運行應用程式的主機會設定為 DNS 伺服器的 IP 位址。當使用該應用程式的使用者指定網域名稱時，則自動查詢與 DNS 伺服器相對應的 IP 位址。 Windows 作業系統內建 DNS 解析器，可執行 DNS 伺服器的查詢功能。

沒有任何一台 DNS 主機會包含所有域名的 DNS 資料，資料都是分散在全部的 DNS 伺服器。如果所查詢的主機名稱屬於其它域名的話，會檢查快取記憶體（Cache），看看有沒有相關資料；如果沒有發現，則會轉向「根域名伺服器」（root server）進行查詢，直到返回最終查詢結果。圖 3-37 是查詢「www.n-study.com」IP 位址的示例。

重複進行上述 DNS 域名解析的查詢方式，稱為「遞迴查詢」。然而一次次轉向根伺服器查詢的效率並不高，因此 DNS 解析器或 DNS 伺服器會將查詢結果儲存到記憶體中，以備將來之需。使用者可以自行設定存放時間的長短，**只要過去的查詢結果還存在於快取記憶體中，就能省卻再向根域名伺服器查詢的步驟，直接進行域名解析。**

表 3-7　　　　　　　　　　　　**主要的資源紀錄類型**

類型	意義
A	對應主機名稱的 IP 位址
AAAA	對應主機名稱的 IP v6 位址
CNAME	對應主機名稱和其「別名」
MX	對應網域名稱的電子郵件伺服器
NS	管理網域名稱的 DNS 伺服器
PTR	對應 IP 位址的主機名稱

※ IPv6 是網際網路協定的最新版本，其 IP 位址採用 128 位元格式。

圖 3-37　　　　　　　　　　　**DNS 域名解析示例**

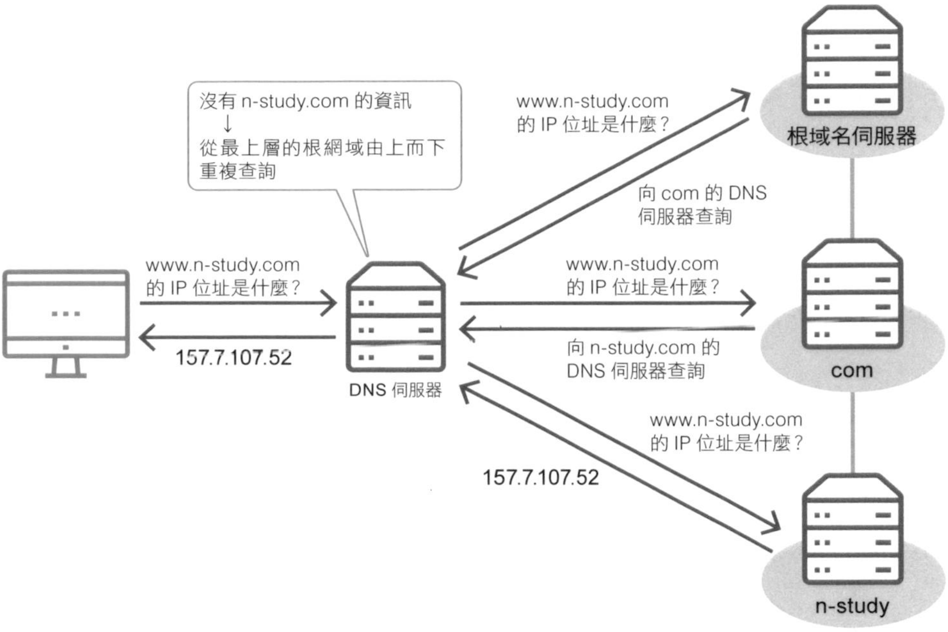

沒有 n-study.com 的資訊
↓
從最上層的根網域由上而下
重複查詢

www.n-study.com
的 IP 位址是什麼？

根域名伺服器

向 com 的 DNS
伺服器查詢

www.n-study.com
的 IP 位址是什麼？

www.n-study.com
的 IP 位址是什麼？

DNS 伺服器

157.7.107.52

向 n-study.com 的
DNS 伺服器查詢

com

www.n-study.com
的 IP 位址是什麼？

157.7.107.52

n-study

Point

- 在 DNS 伺服器中登錄了對應主機名稱與其 IP 位址的資源紀錄。
- DNS 解析器可以實現向 DNS 伺服器查詢位址的功能。
- DNS 伺服器查詢 IP 位址的過程是從根域名伺服器自上而下遞迴查詢。

≫ 自動化必要設定

實現通訊的必要設定

如果想要透過 TCP/IP 實現通訊，則電腦、智慧型手機、伺服器、各式網路設備都必須具備符合 TCP/IP 網路架構的正確設定。

以 DHCP 進行自動化設定

相當熟悉 IT 技術的使用者也可能出現設定錯誤的情況，**為了避免出錯，可以利用**動態主機設定協定（**DHCP, Dynamic Host Configuration Protocol**）**進行自動化設定。**

DHCP 的運作流程

如欲採用 DHCP，必須先準備好 DHCP 伺服器，在該伺服器中登錄欲分配的 IP 位址等相關設定。接著，將電腦等網路設備設定為 DHCP 用戶端（圖 3-38），當作為 DHCP 用戶端的主機連上網路後，會與 DHCP 伺服器進行四次訊息溝通，自動執行 TCP/IP 設定（圖 3-39）。

- DHCP DISCOVER（DHCP 發現）
- DHCP OFFER（DHCP 提供）
- DHCP REQUEST（DHCP 請求）
- DHCP ACK（DHCP 確認）

上述的訊息溝通以廣播方式進行，因為 DHCP 用戶端不僅不知道自己的 IP 位址，也不知道 DHCP 伺服器的 IP 位址。**即使不知道 IP 位址也想傳送資料的時候，就必須使用廣播方式進行資料傳輸。**

圖 3-38　　　　　　　　　DHCP 客戶端設定

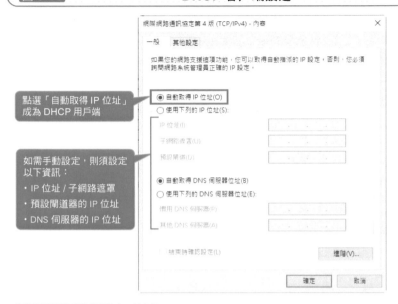

點選「自動取得 IP 位址」
成為 DHCP 用戶端

如需手動設定，則須設定
以下資訊：
・IP 位址 / 子網路遮罩
・預設閘道器的 IP 位址
・DNS 伺服器的 IP 位址

※ 關於預設閘道器的詳細內容，請參閱 6-18。

圖 3-39　　　　　　　　　DHCP 的動作

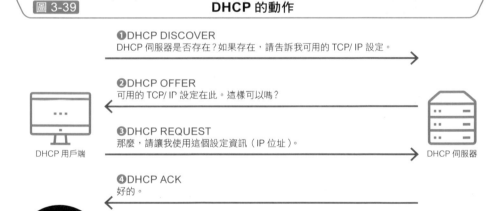

❶DHCP DISCOVER
DHCP 伺服器是否存在？如果存在，請告訴我可用的 TCP/ IP 設定。

❷DHCP OFFER
可用的 TCP/ IP 設定在此。這樣可以嗎？

❸DHCP REQUEST
那麼，請讓我使用這個設定資訊（IP 位址）。

❹DHCP ACK
好的。

DHCP 用戶端　　　　　　　　　　　　　　　　　　　　DHCP 伺服器

Point

🖉 TCP/IP 的設定項目如下：

　・ IP 位址 / 子網路遮罩

　・ 預設閘道器的 IP 位址

　・ DNS 伺服器的 IP 位址

🖉 可透過 DHCP 自動執行 TCP/IP 設定。

課後練習

確認 TCP/IP 設定

在 Windows 電腦上確認進行通訊的必要 TCP/IP 設定。

1. 開啟命令提示字元（command prompt）

在「開始」按鈕旁的搜尋方塊中輸入「cmd」並按下 Enter 鍵，開啟命令提示字元。

輸入「cmd」並按下 Enter 鍵

2. 輸入 Ipconfig 指令顯示 TCP/IP 設定

在命令提示字元介面輸入「ipconfig /all」，顯示 TCP/IP 設定。請在設定中查看 IP 位址、子網路遮罩、預設閘道器的 IP 位址、DNS 伺服器的 IP 位址等資訊。

> 圖 3-40　　　　　　　　　**ipconfig 命令示例**

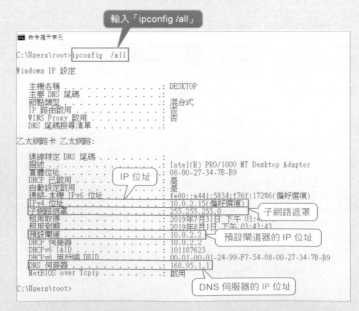

第 4 章

瀏覽網站的原理

~你瞭解網站的構造嗎？~

>> 網站是怎麼形成的？

　　網站，集結了由 Web 伺服器應用程式所發佈的各種網頁。想要建立網站，必須在 Web 伺服器上安裝 Web 伺服器應用程式，並決定欲發佈的網頁。常見的網頁格式為 HTML 格式（圖 4-1）。

所謂的「瀏覽網站」？

　　所謂的「瀏覽網站」，是從 Web 伺服器應用程式將網頁檔案傳輸並顯示於 Web 瀏覽器（圖 4-2）。

❶ 在 Web 瀏覽器中輸入網址或點擊網頁連結，向 Web 伺服器應用程式發送一個傳輸檔案的請求。

❷ Web 伺服器應用程式則將請求的檔案作為答覆，返回給使用者。

❸ 透過在 Web 瀏覽器顯示已接收的檔案，「瀏覽網頁」。

　　當使用者瀏覽網站時，**Web 瀏覽器和 Web 伺服器應用程式之間的網頁傳輸不一定一次完成，如有必要，可能會發生多次檔案傳輸**。在 TCP/IP 網路架構的應用層中，用來傳輸網頁檔案的協定是 HTTP（超文本傳輸協定）[1]。HTTP 在傳輸層中採用 TCP，網路層中採用 IP 等通訊協定。**Web 伺服器應用程式和 Web 瀏覽器在應用層、傳輸層、網路層中採用相同的協定組合**，而無需在位於 TCP/IP 網路架構最下層的網路介面層使用同一協定。

[1]　如果想確保資料的完整性和機密性，可以採用 HTTPS（超文字安全傳輸通訊協定）。

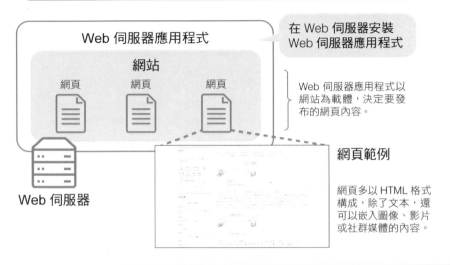

圖 4-1 網站的構成

Web 伺服器應用程式

網站

網頁　　　網頁　　　網頁

Web 伺服器

在 Web 伺服器安裝
Web 伺服器應用程式

Web 伺服器應用程式以
網站為載體,決定要發
布的網頁內容。

網頁範例

網頁多以 HTML 格式
構成,除了文本,還
可以嵌入圖像、影片
或社群媒體的內容。

圖 4-2 瀏覽網站

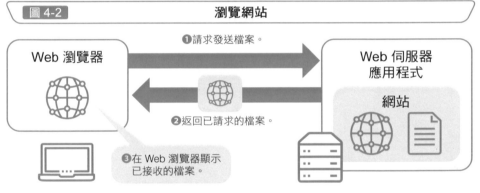

Web 瀏覽器

❶請求發送檔案。

❷返回已請求的檔案。

❸在 Web 瀏覽器顯示
已接收的檔案。

Web 伺服器
應用程式

網站

用來存取網站的協定組合

HTTP	應用層
TCP	傳輸層
IP	網路層
乙太網路等	網路介面層

Point

🖉 網站集結了由 Web 伺服器應用程式所發佈的各種網頁。

🖉 常見的網頁格式為 HTML。

🖉 所謂的「瀏覽網站」,是從 Web 伺服器應用程式將網頁檔案傳輸並顯示
於 Web 瀏覽器。

≫ 製作網頁

以 HTML 檔案製作網頁

HTML 的全名是 Hyper Text Markup Language，超文本標記語言。所謂的「超文本」（hyper text）是一種文件，可以與多個文件相互關聯和交叉引用（圖 4-3），而「標記語言」（markup language）則是一種明確表示文件結構的語言，透過**描述如標題、段落、條列符號或引用自其他文件的文本等文件結構，標記語言可以便捷地分析電腦上的文本結構。**

決定網頁外觀的 HTML 標籤

HTML 標籤可以決定文本構造、連結、文字大小與字型等構成網頁外觀的元素。在一般情況下，一個元素由一對標籤（tag）表示：「開始標籤」與「結束標籤」，如 <p> 和 </p>，元素如果含有文字內容，就被放置這些標籤之間。將元素放置在開始標籤與結束標籤之內的動作稱為「標記」，**表示「這部分包含此元素的內容」。**

舉例來說，以 HTML 標籤標記「一起學習網路嗎？」這個標題，如下所示：

<title> 一起學習網路嗎？ </title>

在這個例子中，「一起學習網路嗎？」是標題元素，以開始標籤和結束標籤封裝標記，代表「這個文本的標題是『一起學習網路嗎？』」的意思，在 Web 瀏覽器的視窗或分頁中顯示「一起學習網路嗎？」的文本內容 （圖 4-4）。

圖 4-3 超文本（**hyper text**）

點擊連結，
引用「網頁 2」

點擊連結，
引用「網頁 3」

網頁 1

TCP/IP

網頁 2

路由器

網頁 3

圖 4-4 HTML 標籤範例

標題標籤的內容顯示於
瀏覽器視窗或分頁

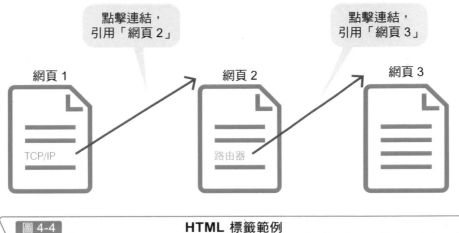

HTML 檔案的內容

```
:
<title> 一起學習網路嗎？ </title>
:
<a href="http://www.n-study.com/">
一起學習網路嗎？ </a>
:
:
```

Web 瀏覽器

一起學習網路嗎？

:
:
一起學習網路嗎？

點擊連結，導向
http://www.n-study.com/

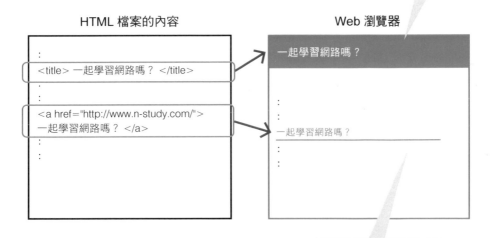

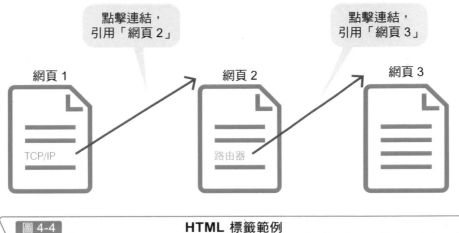

Point

✎ 使用 HTML 製作網頁。

✎ HTML 標籤決定文本構造或連結，決定網頁外觀。

» 決定網頁外觀

網頁外觀很重要

對於瀏覽網頁的使用者來說，網頁的視覺呈現效果是傳達內容的重要元素，例如可以為文字上色或加粗來凸顯其重要性。

或者可以使用 HTML 標籤來設計網頁的外觀，比方說，利用 HTML 標籤的 font 元素來決定字元的字型或大小。然而，每一次製作網頁時，都要重新指定字型有點麻煩。

網站由多個網頁（HTML 檔案）組成，如果想要更改字體，則必須為變更所有網頁的字體設定，這將是一項耗時工程。因此，我們可以使用樣式表（style sheet），額外定義字型、間距、顏色等文本外觀。

樣式表

所謂的樣式表，是一種用來定義網頁樣式的機制，可以決定網頁佈局、文本字體和顏色等元素。CSS（Cascading Style Sheet，層疊樣式表）就是一種用來描述樣式表的電腦語言 ※2。**儘管樣式表也可以記述於 HTML 檔案中，但常見做法是為樣式表另外建立一個檔案。**HTML 檔案本身僅記述著如標題及段落等文本結構及其內容，而網頁外觀設計則記載於樣式表中，將文本結構與外觀分隔開來（圖 4-5）。

使用樣式表的好處是可以簡單地變更網頁的設計樣式。除了主要的文本內容之外，網頁還由頁首、頁尾、選單等各式各樣的元素所構成。假如你想要更改網頁佈局，可以利用樣式表輕鬆地進行變更（圖 4-6）。

※2　CSS 常簡稱為樣式表（style sheet）。

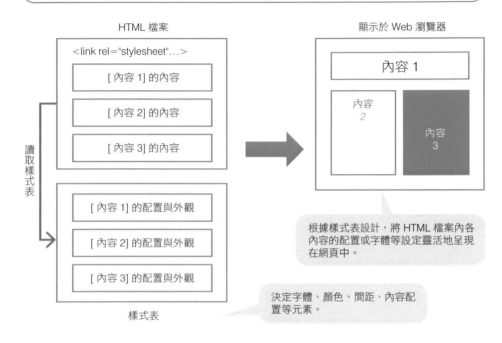

圖 4-5　　樣式表概述

HTML 檔案

<link rel="stylesheet"…>

[內容 1] 的內容

[內容 2] 的內容

[內容 3] 的內容

讀取樣式表

[內容 1] 的配置與外觀

[內容 2] 的配置與外觀

[內容 3] 的配置與外觀

樣式表

顯示於 Web 瀏覽器

內容 1

內容 2

內容 3

根據樣式表設計，將 HTML 檔案內各內容的配置或字體等設定靈活地呈現在網頁中。

決定字體、顏色、間距、內容配置等元素。

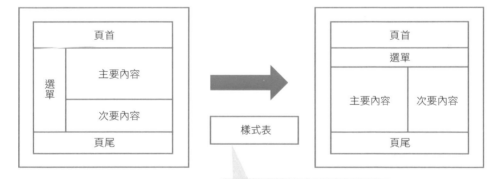

圖 4-6　　網頁設計變更範例

頁首

選單

主要內容

次要內容

頁尾

樣式表

頁首

選單

主要內容

次要內容

頁尾

只要變更樣式表，就能改動網頁內容的佈局。

Point

🖉 以樣式表決定網頁的設計樣式。

🖉 使用樣式表，輕鬆變更網頁的設計樣式。

» 網站位址

網址

根據截至目前所討論的內容，我們瞭解到網站是多個 HTML 網頁的集合。當我們在瀏覽網站時，會下載網頁的 HTML 檔案，並在 Web 瀏覽器中查看這些檔案。想要瀏覽網站，必須先**指定網址**，才能存取網頁。

URL 的意義

URL（Uniform Resource Locator，統一資源定位符）※3 是網際網路上標準的資源位址，如同網路上的門牌，通常是一串以「http://」開頭的字串。此處的資源「resource」代表「檔案」，**利用 URL 指定「想要傳送的檔案」**。

URL 的標準格式如：http://www.n-study.com/network/index.html。最開頭的「http」表示「協定類型」，是 Web 瀏覽器存取 Web 伺服器的資料時所採用的協定。URL 位址通常以 http 開頭，也可以使用 https 或 ftp。冒號（:）之後表示檔案位置，「//」之後的字串則表示主機名稱（伺服器位址）。存取 Web 伺服器時，必須透過 DNS 進行域名解析，將主機名稱解析為相應的 IP 位址。

主機名稱之後為連接埠號，通常會省略。在省略埠號的情況下，表示該協定類型採用了一個公認通訊埠號。**主機名稱後面的字串表示 Web 伺服器中的檔案路徑**。圖 4-7 的 URL「http://www.n-study.com/network/index.html」所代表的意義是向一個名為「www.n-study.com」的 Web 伺服器提出請求，要求存取公開在網際網路中的「network」目錄內的「index.html」檔案，並利用「HTTP」協定進行傳輸。

※3　儘管 URI（Uniform Resource Indentifier，統一資源辨識符）才是正式名稱，但廣泛使用 URL 指代網址。

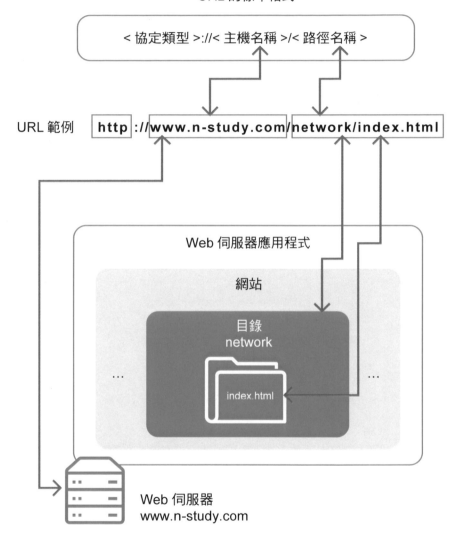

圖 4-7　　URL 範例

URL 的標準格式

< 協定類型 >://< 主機名稱 >/< 路徑名稱 >

URL 範例　**http** ://**www.n-study.com**/**network/index.html**

Web 伺服器應用程式

網站

目錄
network

index.html

...　　　...

Web 伺服器
www.n-study.com

Point

✎ URL 是網站位址。

✎ URL 表示使用者想要存取的 Web 伺服器及其檔案位置。

》 向網站請求檔案

傳輸 HTML 檔案

　　想要傳輸構成網站的 HTML 檔案，必須使用 HTTP（Hyper Text Transfer Protocol，超文本傳輸協定），這是一種用來傳輸超文本的通訊協定。HTTP 不僅可以傳輸 HTML 檔案，還可以作為一個通用協定，傳輸各種檔案類型，比如 JPEG 或 PNG 格式的圖片、或是 PDF、WORD 及 EXCEL 等文件檔案。

　　HTTP 請求與 HTTP 回應之間的互通有無，實現以 HTTP 傳輸檔案這件事。HTTP 在傳輸層採用的通訊協定是 TCP，因此在實現 HTTP 溝通之前必須先建立 TCP 連線。

HTTP 請求

　　從 Web 瀏覽器發送到 Web 伺服器應用程式的 HTTP 請求分為三個部分：請求行（request line）、訊息標頭（message header）和實體（entity body）；訊息標頭和實體之間以空行分隔（圖 4-8）。

　　請求行是 HTTP 請求的第一行，其功能是向 Web 伺服器傳達實際的處理請求，請求行的內容由方法（method）、URI、版本組成。「方法」是指對伺服器的請求（表 4-1），以不同方式操作指定的資源。**GET 是最常用的方法**，在 Web 瀏覽器中輸入 URL、或是點擊網址連結，其實就是向 Web 伺服器應用程式發送一個記述 GET 方法的 HTTP 請求。「訊息標頭」是接續在請求行之後的多行文本，記述 Web 瀏覽器的類型與版本、相應的資料格式等資訊。

　　在訊息標頭之後以「空行」分隔，接續「實體」。在使用 POST 方法從 Web 瀏覽器發送資料時，會應用「實體」這個欄位。

圖 4-8　　　　　　　　　　HTTP 請求的格式

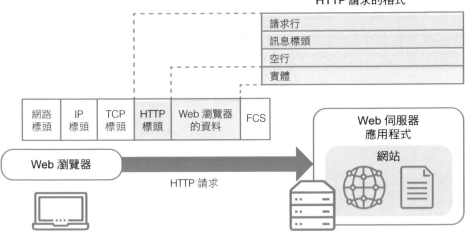

表 4-1　　　　　　　　　主要的 HTTP 請求方法

方法名稱	意義
GET	向指定的資源發出「顯示」請求。
HEAD	向伺服器發出指定資源的請求，伺服器將不傳回資源的本文部份。
POST	向指定資源提交資料，請求伺服器進行處理（例如提交表單或者上傳檔案）。
PUT	向指定資源位置上傳其最新內容。
DELETE	請求伺服器刪除資源。
CONNECT	透過代理伺服器進行通訊。

Point

- 在 Web 瀏覽器和 Web 伺服器應用程式之間透過 HTTP 來傳輸網頁的檔案。
- 在進行 HTTP 通訊之前，必須先確立 TCP 連線。
- 利用 HTTP 請求，從 Web 瀏覽器向 Web 伺服器應用程式請求傳輸檔案。

» 傳送網站的檔案

回應請求的 HTTP 回應

HTTP 回應由回應行、訊息標頭和類似 HTTP 請求的實體等三個部分組成，接收到 HTTP 請求後，會返回 HTTP 回應（圖 4-9）。

回應行的具體組成進一步細分為版本、狀態碼和說明欄位。在版本部分會顯示與 HTTP 請求相同的版本，目前主要版本為 1.0 或 1.1。狀態碼以一組三位數字表示，用以表示 Web 伺服器應用程式處理請求的結果。如表 4-2 所示，目前有很多種狀態碼，所有狀態碼的第一個數字代表了回應的五種狀態之一，而狀態碼的含義則簡要敘述於說明欄位。

「200」是最常由 Web 伺服器應用程式返回的狀態碼，表示已成功處理該 HTTP 請求，不過使用者不太可能看到「200」狀態碼出現在螢幕上，因為這時 Web 瀏覽器會直接顯示已請求的內容。

「404」大概是所有使用 Web 瀏覽器的人都不陌生的狀態碼之一。如果錯誤輸入 URL 或者查詢的網頁不存在，Web 伺服器就會返回「404」狀態碼，而 Web 瀏覽器將顯示「找不到該網頁」。Web 伺服器應用程式會利用訊息標頭向 Web 瀏覽器傳達更詳細的資訊，比如資料格式或最近更新日期。

在訊息標頭之後以一個空白行區隔，再接續實體。實體內容包含應該**返回給 Web 瀏覽器的資料，通常是 HTML 檔案。**

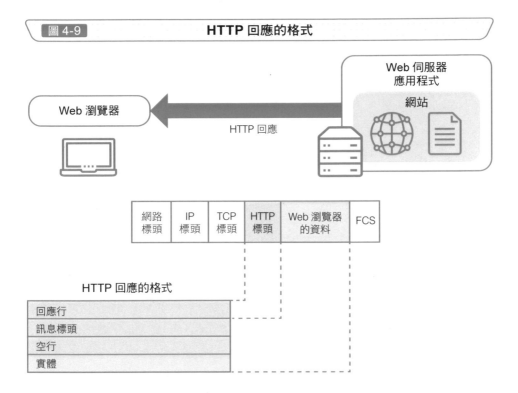

圖 4-9　HTTP 回應的格式

Web 瀏覽器 ← HTTP 回應 — Web 伺服器應用程式　網站

網路標頭	IP標頭	TCP標頭	HTTP標頭	Web 瀏覽器的資料	FCS

HTTP 回應的格式

回應行
訊息標頭
空行
實體

表 4-2　主要的 HTTP 回應

HTTP 狀態碼	意義
1xx	代表請求已被接受，需要繼續處理。
2xx	代表請求已成功被伺服器接收、理解、並接受。
3xx	這類狀態碼代表需要用戶端採取進一步的操作才能完成請求。
4xx	代表用戶端可能發生了錯誤，妨礙伺服器的處理。
5xx	代表伺服器在處理請求的過程中有錯誤或者異常狀態發生，也有可能是伺服器意識到以目前的軟硬體資源無法完成對請求的處理。

Point

🖉 接收到 HTTP 請求後，Web 伺服器應用程式會返回 HTTP 回應。

🖉 HTTP 回應包含應傳送的檔案。

🖉 如果檔案太大則利用 TCP 分割。

» 記住「已經瀏覽過該網站」

量身定制網頁內容

我們可以利用 **HTTP Cookies**，根據情況自訂網頁內容。

記憶特定資訊的 HTTP Cookie

HTTP Cookie 是 Web 伺服器應用程式在 Web 瀏覽器中保存特定資訊的一種儲存機制。Web 伺服器應用程式要返回針對 HTTP 請求的結果時，會同時將 Cookie 附加在 HTTP 回應一併返回 ※4。如果 Web 瀏覽器開啟接收 Cookie 的設定，則該瀏覽器將儲存其所接收到的 Cookie。當使用者瀏覽同一個網站時，在 HTTP 請求中會包含 Cookie（圖 4-10）。**Cookie 可以幫助 Web 伺服器管理使用者的登錄資訊和網頁瀏覽歷史。**Cookie 還能針對各使用者量身定制網頁內容，以購物網站的推薦商品為例，Cookie 會將使用者瀏覽過的商品儲存在 Web 瀏覽器中，當使用者再次瀏覽網站時，購物網站可以根據 Cookie 將使用者上次瀏覽過的商品作為推薦資訊，並顯示給該使用者。

確認 Cookie 在哪裡

我們可以利用以下步驟，確認儲存於 Web 瀏覽器的 Cookie。

❶ 在網址欄輸入 chrome://settings/content/cookies
❷ 開啟「顯示所有 Cookie 和網站資料」（圖 4-11）
❸ 點擊您在每個網站（Web 伺服器）儲存的 Cookie

※4　Cookie 資訊包含於 HTTP 標頭中。

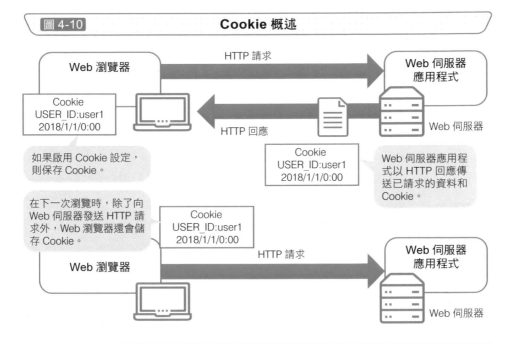

圖 4-10　　Cookie 概述

Web 瀏覽器 ─ HTTP 請求 ─→ Web 伺服器應用程式

Cookie
USER_ID:user1
2018/1/1/0:00

HTTP 回應 ←─ Web 伺服器

如果啟用 Cookie 設定，則保存 Cookie。

Cookie
USER_ID:user1
2018/1/1/0:00

Web 伺服器應用程式以 HTTP 回應傳送已請求的資料和 Cookie。

在下一次瀏覽時，除了向 Web 伺服器發送 HTTP 請求外，Web 瀏覽器還會儲存 Cookie。

Cookie
USER_ID:user1
2018/1/1/0:00

Web 瀏覽器 ─ HTTP 請求 ─→ Web 伺服器應用程式

Web 伺服器

圖 4-11　　確認 Chrome Cookie

Point

- HTTP Cookie 是 Web 伺服器應用程式在 Web 瀏覽器中保存特定資訊的一種儲存機制。

- Cookie 可以為使用者量身定制網頁內容。

》 代理執行「瀏覽網站」

代理存取網路的伺服器

在使用者瀏覽網頁時，Web 瀏覽器和 Web 伺服器應用程式之間發生資料傳輸，有些時候會改用代理伺服器（proxy server）來執行。代理伺服器是一種代表使用者向網站要求存取權限的伺服器。

如欲使用代理伺服器作，必須啟動伺服器上的代理伺服器應用程式，還需要在 Web 瀏覽器中配置代理伺服器。

利用代理伺服器存取網路的流程如下：

❶ 在用戶端電腦的 Web 瀏覽器輸入 URL，向代理伺服器發送 HTTP 請求。

❷ 從代理伺服器向以 URL 指定的網站發送 HTTP 請求。

❸ Web 伺服器向代理伺服器發送 HTTP 回應。

❹ 代理伺服器向用戶端電腦的 Web 瀏覽器發送 HTTP 回應。

從用戶端電腦的 Web 瀏覽器存取代理伺服器時，通常使用 TCP 通訊埠號 8080 進行連接（圖 4-12）。

圖 4-12　　　　利用代理伺服器存取網路

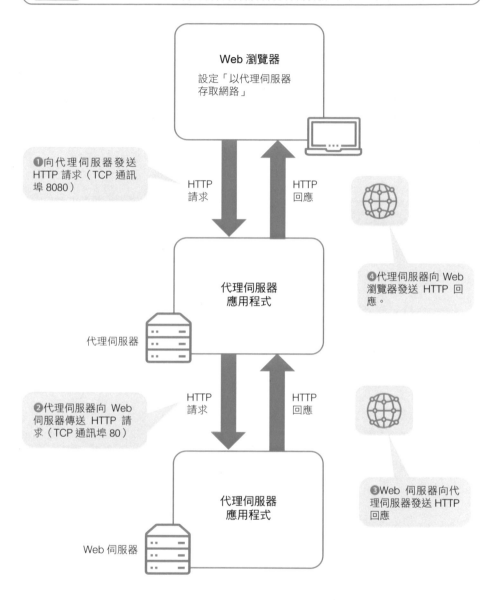

Web 瀏覽器

設定「以代理伺服器存取網路」

❶向代理伺服器發送 HTTP 請求（TCP 通訊埠 8080）

HTTP 請求

HTTP 回應

❹代理伺服器向 Web 瀏覽器發送 HTTP 回應。

代理伺服器 應用程式

代理伺服器

❷代理伺服器向 Web 伺服器傳送 HTTP 請求（TCP 通訊埠 80）

HTTP 請求

HTTP 回應

❸Web 伺服器向代理伺服器發送 HTTP 回應

代理伺服器 應用程式

Web 伺服器

Point

✐ 代理伺服器是代為存取網路的伺服器。

✐ 透過代理伺服器存取 Web 伺服器，可以隱藏真實 IP 位址。

》確認員工的網站瀏覽情形

以管理角度而言代理伺服器的目的

企業內部網路經常採用代理伺服器，主要有兩個管理上的考量。

從用戶端的 Web 瀏覽器檢查網站瀏覽情形

採用代理伺服器的目的之一，是從用戶端電腦的 **Web 瀏覽器檢查網站瀏覽情形**（圖 4-13）。

利用代理伺服器，可以掌握各用戶端電腦的 Web 瀏覽器究竟存取了哪些網址、哪些網站，檢查員工是否瀏覽了在業務範圍之外的網頁內容。

禁止瀏覽非法網站

代理伺服器還可以禁止使用者瀏覽非法網站（圖 4-14）。限制存取特定網站的功能稱為「URL 過濾」或「Web 過濾」，可以禁止使用者瀏覽與業務無關或是違反公序良俗的成人網站。

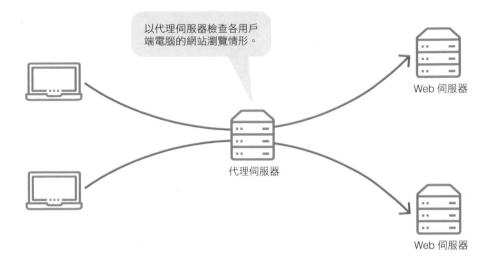

圖 4-13　以代理伺服器檢查網站瀏覽情形

以代理伺服器檢查各用戶端電腦的網站瀏覽情形。

Web 伺服器

代理伺服器

Web 伺服器

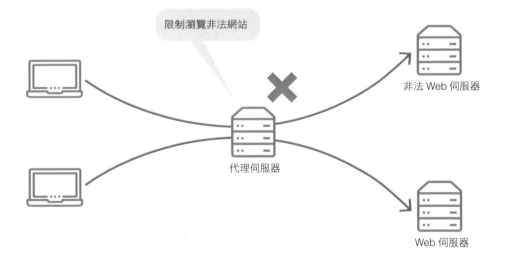

圖 4-14　限制瀏覽非法網站

限制瀏覽非法網站

非法 Web 伺服器

代理伺服器

Web 伺服器

Point

✎ 以企業管理者的角度而言，採用代理伺服器有兩個主要目的：

- 檢查網站瀏覽情形
- 限制存取非法網站

» Web 瀏覽器不再只能瀏覽網站

只要有 Web 瀏覽器就可以

Web 瀏覽器不再只有瀏覽網站的用途,現在還被廣泛地當作應用程式的使用者介面。以 Web 瀏覽器作為使用者介面的應用程式稱為 Web 應用程式。

在過去,為滿足內部辦公需求,企業通常自行開發並使用商務應用程式。這類商用應用程式需要建立自有的使用者介面,也就是使用者實際操作的畫面與輸入參數。這些應用程式必須安裝於用戶端電腦上,然而即時安裝最新版本的商用應用程式是一項浩大且繁重的任務。

另一方面,**Web 應用程式以 Web 瀏覽器作為使用者介面,因此無需開發用戶端電腦的專用應用程式,也不必考慮安裝事宜。**只要安裝好 Web 瀏覽器,就萬事俱備。使用者要做的就是在 Web 伺服器中決定介面配置、輸入參數檢查及相關處理,也可以利用額外的應用程式伺服器進行處理,而應用程式伺服器還可以綁定資料庫伺服器一同運行。

用 Web 應用程式來做什麼?

圖 4-15 簡要敘述了 Web 應用程式的處理過程,採用這類網路應用程式的例子包括:Google 日曆的行程管理應用、可讓多位使用者共享資訊的協作軟體、證券公司的線上交易平台、網路銀行,或是網路購物等各種應用。

圖 4-15　　　　　Web 應用程式概述

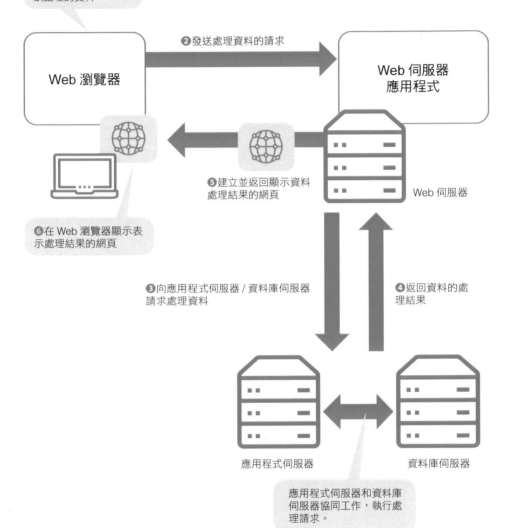

❶在 Web 瀏覽器輸入
欲處理的資料

❷發送處理資料的請求

Web 瀏覽器

Web 伺服器
應用程式

❺建立並返回顯示資料
處理結果的網頁

Web 伺服器

❻在 Web 瀏覽器顯示表
示處理結果的網頁

❸向應用程式伺服器 / 資料庫伺服器
請求處理資料

❹返回資料的處
理結果

應用程式伺服器

資料庫伺服器

應用程式伺服器和資料庫
伺服器協同工作，執行處
理請求。

Point

🖉 Web 伺服器應用程式是將 Web 瀏覽器當作使用者介面的應用程式。

🖉 不需要安裝或更新用戶端電腦的專用應用程式。

≫ 瀏覽網站的準備事項

採用何種應用程式

我們可以使用 Web 瀏覽器來瀏覽網站,目前廣泛使用的 Web 瀏覽器包括「Google Chrome」、「Microsoft Edge/Internet Explorer」、「Mozilla Firefox」、「Apple Safari」等。

在大多數情況下,使用者不需特意對 Web 瀏覽器進行設定,**如果使用代理伺服器,則可為代理伺服器設定 IP 位址與通訊埠號。**

此外,Web 伺服器需要搭配 Web 伺服器應用程式,「Apache」和「Microsoft IIS」是主要的 Web 伺服器應用程式,必須為公開於網站上的檔案設定其存放位置(目錄),如圖 4-16。

採用哪個通訊協定

HTTP 是存取網路時所利用的通訊協定,HTTP 的公認通訊埠號是 80(圖 4-17)。在傳輸層採用 TCP,網路層採用 IP,網路介面層通常採用乙太網路。

此外,在瀏覽網站時,使用者通常會輸入代表網站位址的 URL,這時需要 DNS 進行域名解析,取得該 Web 伺服器的 IP 位址。同時還需要 ARP,以便取得乙太網的 MAC 位址。**由於 DNS 和 ARP 會自動執行,使用者可能對兩者所知甚少,但這兩個也是非常重要的協定。**

圖 4-16　　　　　存取網路時所採用的應用程式

不需特別設定 Web 瀏覽器

Web 瀏覽器

為公開於網站的檔案設定其存放位置（目錄）

Web 伺服器應用程式

Web 伺服器

圖 4-17　　　　　存取網路時所採用的通訊協定

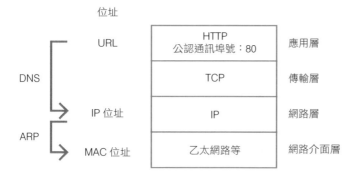

位址		
	URL	HTTP 公認通訊埠號：80
DNS		應用層
	IP 位址	TCP
ARP		傳輸層
	MAC 位址	IP

位址

URL

DNS

IP 位址

ARP

MAC 位址

HTTP 公認通訊埠號：80	應用層
TCP	傳輸層
IP	網路層
乙太網路等	網路介面層

Point

✎ 正確配置 TCP/IP 設定是存取網路的大前提。

✎ Web 瀏覽器和 Web 伺服器應用程式是用來存取網路的兩個應用程式。

✎ 用來存取網路的通訊協定組合是 HTTP/ TCP/ IP，另外還需要 DNS 和 ARP 等協定。

» 瀏覽網站的過程

瀏覽網站的動作流程

如果使用者想要瀏覽網站,必須利用 HTTP 請求和 HTTP 回應進行傳輸,然而,在這之前必須先執行 DNS 域名解析和 ARP 位址解析等動作,接著,還必須確立 TCP 連線。以簡單的網路構成為例,瞭解如何執行 DNS、ARP 和 TCP 等協定,實現「瀏覽網站」的具體流程。

在 Web 瀏覽器輸入 URL(圖 4-18-❶),或者點擊網頁連結。從 URL 所包含的 Web 伺服器主機名稱,向 DNS 伺服器查詢對應的 IP 位址,執行域名解析(圖 4-18-❷)。

向 DNS 伺服器送出查詢請求時,也會同時執行 ARP,查詢乙太網路的 MAC 位址。

在這個網路構成的例子中,假定路由器具備 DNS 伺服器的功能。路由器本身未持有接收端 Web 伺服器的 IP 位址,所以路由器進一步執行 DNS 查詢。

取得 Web 伺服器的 IP 位址後,則指定該 IP 位址,在 Web 瀏覽器和 Web 伺服器應用程式之間建立 TCP 連線(圖 4-18-❸)。

建立 TCP 連線後,在 Web 瀏覽器和 Web 伺服器應用程式之間執行 HTTP 請求與 HTTP 回應的傳輸過程(圖 4-19-❹)。Web 瀏覽器向 Web 伺服器應用程式發送包含指定 URL 的 HTTP 請求(GET 方法)。

接收 HTTP 請求的 Web 伺服器應用程式,會以 HTTP 回應返回請求的網頁檔案。**TCP 視檔案大小進行分割並傳送,當 Web 瀏覽器接收檔案並加以組裝後,將其顯示為使用者在網站上進行瀏覽的網頁內容。**

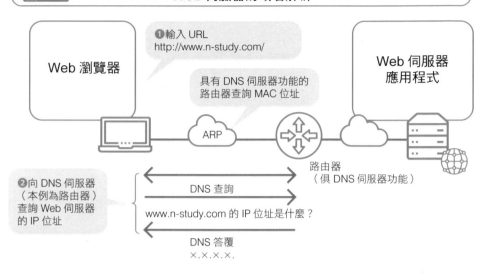

圖 4-18 **Web 伺服器的域名解析**

Web 瀏覽器

❶輸入 URL
http://www.n-study.com/

具有 DNS 伺服器功能的
路由器查詢 MAC 位址

Web 伺服器
應用程式

ARP

路由器
（俱 DNS 伺服器功能）

❷向 DNS 伺服器
（本例為路由器）
查詢 Web 伺服器
的 IP 位址

DNS 查詢

www.n-study.com 的 IP 位址是什麼？

DNS 答覆
×.×.×.×.

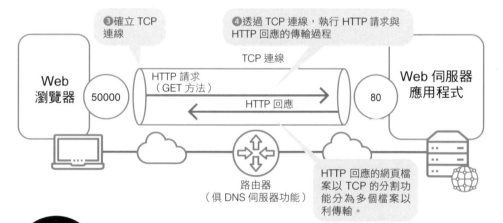

圖 4-19 **HTTP 請求與 HTTP 回應**

❸確立 TCP
連線

❹透過 TCP 連線，執行 HTTP 請求與
HTTP 回應的傳輸過程

TCP 連線

Web
瀏覽器

50000

HTTP 請求
（GET 方法）

HTTP 回應

80

Web 伺服器
應用程式

路由器
（俱 DNS 伺服器功能）

HTTP 回應的網頁檔
案以 TCP 的分割功
能分為多個檔案以
利傳輸。

Point

✎ 瀏覽網站時也同時發生 DNS 域名解析和 ARP 位址解析的動作。

✎ 「瀏覽網站」流程：

   ❶ 在 Web 瀏覽器輸入 URL

   ❷ 解析 Web 伺服器的 IP 位址

   ❸ 確立 TCP 連線

   ❹ 發送 HTTP 請求與 HTTP 回應

課後練習

檢視網頁原始碼

一起在網頁原始碼中查看 HTML 標籤。在 Google Chrome 的任意網頁中點擊右鍵，選擇「檢示網頁原始碼」。

在網頁原始碼中尋找標題標籤 <title>，在 <title></title> 之內的文字是否網頁標題，而且顯示在瀏覽器分頁上呢？一起確認看看吧！

118

乙太網路與無線區域網路

~ 在同一網路內傳輸 ~

≫ 在同一網路內來回傳輸

僅管距離伺服器很遠……

　　所謂的通訊，是利用眼前的電腦或智慧型手機，與伺服器的應用程式進行資料傳輸。通常，伺服器和我們手邊的電腦或智慧型手機之間的距離相當遙遠，以不同的網路相互連接。以技術觀點來看，一個「網路」的範圍是以路由器或三層交換器區隔的範圍。一個二層交換器構成一個網路，而不同的網路之間以路由器或三層交換器與其他網路相互連接。

在同一網路內重複進行傳輸

　　如果想要將資料從電腦傳輸到伺服器，則必須在同一網路內重複進行資料傳輸的動作，最後傳輸到以不同網路連接的伺服器。**首先，資料會先經過與電腦處與相同網路上的路由器，接著通過該路由器，繼續傳輸到位於相同網路的下一個路由器。**當資料終於抵達與接收端位處相同網路的路由器時，這個路由器會將資料傳輸到目標伺服器（圖 5-1）。

經常使用乙太網路和無線區域網路（Wi-Fi）

　　乙太網路和無線區域網路（Wi-Fi）是在同一網路內實現傳輸的常用通訊協定。在 TCP/ IP 網路架構中，這兩個通訊協定處於最底層的網路介面層（圖 5-2）。

　　網路介面層的通訊協定還有很多種，本章將針對常用的乙太網路和無線區域網路進行深入討論。

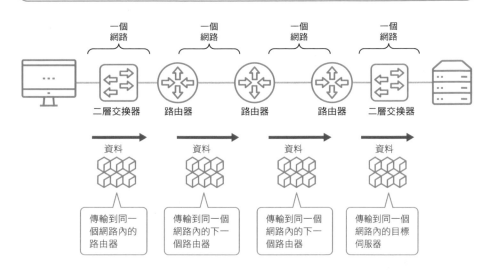

圖 5-1　在同一網路內來回傳輸

一個網路　一個網路　一個網路　一個網路

二層交換器　路由器　路由器　路由器　二層交換器

資料　資料　資料　資料

傳輸到同一個網路內的路由器

傳輸到同一個網路內的下一個路由器

傳輸到同一個網路內的下一個路由器

傳輸到同一個網路內的目標伺服器

圖 5-2　乙太網路、無線區域網路的位置

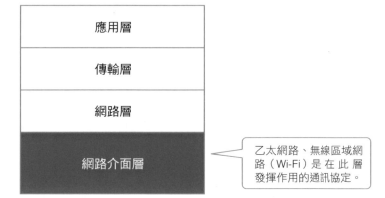

應用層
傳輸層
網路層
網路介面層

乙太網路、無線區域網路（Wi-Fi）是在此層發揮作用的通訊協定。

Point

✐ 如果想將資料從電腦傳輸到伺服器，則必須在同一網路內重複進行資料傳輸的動作，最後傳輸到以不同網路連接的伺服器。

✐ 在同一個網路傳輸資料的常用通訊協定：

- 乙太網路
- 無線區域網路（Wi-Fi）

≫ 傳輸資料的乙太網路

透過乙太網路傳輸資料

乙太網路位於 TCP/ IP 網路架構中最底層，是屬於網路介面層的通訊協定。乙太網路是一個實現資料傳輸的通訊協定，而我們應該關注的重點是「乙太網路究竟是在哪一處發揮作用，實現傳輸資料呢？」

乙太網路的功能是將資料從某一個乙太網路介面傳輸到另一個乙太網路介面。同一個二層交換器所連接的電腦，將連接到同一個網路 ※1。

將資料從同一個網路內的電腦的乙太網路介面，傳輸到另一個電腦的以太網路介面，就是透過乙太網路進行資料傳輸（圖 5-3）。使用者通常不會意識到二層交換器的乙太網路介面，這是因為二層交換器不會對在乙太網路進行傳輸的資料進行任何變動。關於二層交換器的運作原理，將於第 5-9 節詳細介紹。

建立有線網路

我們可以利用乙太網路，建立所謂的有線網路。將電腦或伺服器、二層交換器等**備有乙太網路介面的設備一一連結起來，建立一個個乙太網路的鏈結，形成有線網路。**

※1　如果使用 VLAN 功能，在連接同一個二層交換器的情況下也能使用其他網路。

圖 5-3　　　　　　　　　　　　　　　乙太網路概述

同一個網路

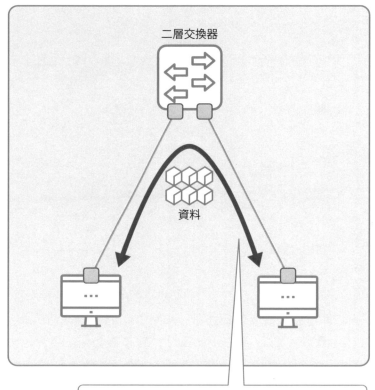

二層交換器

資料

介面（乙太網路）

將資料從某一個乙太網路介面傳輸到另一個
乙太網路介面

Point

🖉 乙太網路是位於 TCP/ IP 網路架構中網路介面層的通訊協定。

🖉 乙太網路是在同一個網路內的乙太網路介面之間實現資料傳輸的通訊
協定。

» 乙太網路標準

乙太網路具有各式各樣標準

乙太網路的標準範圍介於 10Mbps 到 100Gbps（表 5-1），其標準由 IEEE802 委員會制定，各標準的主要差要在於最大傳輸速度和不同的傳輸介質（如：電纜）。

乙太網路的規格名稱

乙太網路的規格名稱以 IEEE802.3 起始，以及表示傳輸速度 ※2 與傳輸介質的一串數值，如 1000 BASE-T。像這類子的規格名稱應該很常見，重點在於我們可以利用這類數值了解該乙太網路規格的傳輸速度和傳輸介質。

首先，**最開頭的數字表示傳輸速度**，通常以 Mbps 為單位。如果數值為「1000」，表示傳輸速度為 1000 Mbps，也就是傳輸速度為 1 Gps 的乙太網路。「BASE」是 Baseband（基帶）的意思，是目前唯一使用的傳輸介質。在「-」之後的值，表示傳輸介質與類比訊號的轉換特徵，當該值為「T」時，表示以雙絞線作為傳輸介質，也就是 LAN 纜線，是最為廣泛使用的傳輸介質（圖 5-4）。

順帶一提，在早期乙太網路規格中，接續在「BASE」之後的是一個數字，表示傳輸介質使用同軸電纜，該數值代表以 100 米為單位的電纜最大長度。

※2　此處的傳輸速度指將數位訊號（資料）轉換為類比訊號並進行傳輸的最快速度。

表 5-1　　　　　　　　　　主要的乙太網路標準

標準名稱		傳輸速度	傳輸介質
IEEE802.3	10BASE5		同軸電纜
IEEE802.3a	10BASE2	10Mbps	同軸電纜
IEEE802.3i	10BASE-T		3 類雙絞線
IEEE802.3u	100BASE-TX	100Mbps	5 類雙絞線
	100BASE-FX		光纖
IEEE802.3z	1000BASE-SX	1000Mbps	光纖
	1000BASE-LX		光纖
IEEE802.3ab	1000BASE-T		5 類雙絞線
IEEE802.3ae	10GBASE-LX4	10Gbps	光纖
IEEE802.3an	10GBASE-T		6 類雙絞線

圖 5-4　　　　　　　　　　乙太網路標準的命名原則

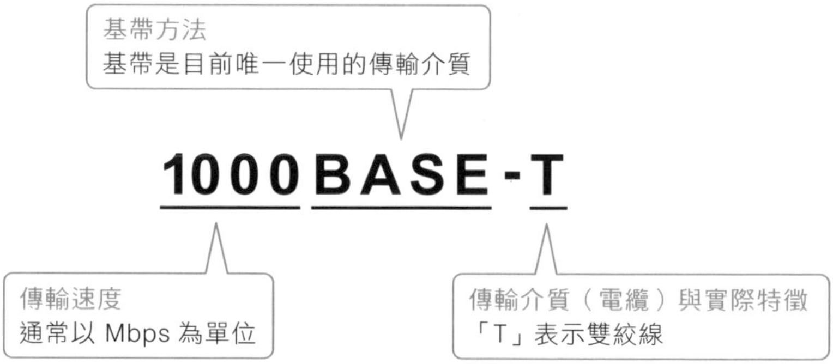

基帶方法
基帶是目前唯一使用的傳輸介質

1000 BASE-T

傳輸速度
通常以 Mbps 為單位

傳輸介質（電纜）與實際特徵
「T」表示雙絞線

Point

✎ 乙太網路有各式各樣的標準。

✎ 乙太網路標準命名根據表示傳輸速度與傳輸介質特徵而定，如 1000 BASE-T。

≫ 介面是哪一個？

指定介面

　　乙太網路作用在乙太網路介面之間，負責傳輸資料，必須利用 MAC 位址指定乙太網路介面。

MAC 位址是什麼？

　　MAC 位址是用來指定乙太網路介面，由 48 個位元（bit）組成的一串位址。在這 48 個位元之中，前 24 個位元是 OUI（組織唯一標示符，orgnizationally unique identifier）※3，可以辨識該網路裝置的製造商，由 IEEE 決定如何分配。

　　後 24 位元是序號，由實際生產該網路裝置的廠商自行指定。**MAC 位址為網路設備預先指定了乙太網路介面，無法另行變更**，因此又稱為「實體位址」或「硬體位址」。

MAC 位址的表示方法

　　MAC 位址以十六進制表示，用數字 0 到 9 和字母 A 到 F 表示，其表示方法有以下幾種（圖 5-5）。

- 每一個位元組（byte）以「-」區隔
- 每一個位元組以「：」區隔
- 每兩個位元組以「.」區隔

※3　網址統整了所有的 OUI（組織唯一辨識符）：http://standards.ieee.org/develop/regauth/oui/oui.txt

圖 5-5　　　　　　　　　　　MAC 位址

MAC 位址為網路設備指定
乙太網路介面。

MAC 位址

OUI	序號
← 24 位元 →	← 24 位元 →

MAC 位址的表示方法

00-00-01-02-03-04（每一個位元組（byte）以「-」區隔）

00:00:01:02:03:04（每一個位元組以「：」區隔）

0000.0102.0304（每兩個位元組以「.」區隔）

Point

🖉 MAC 位址為網路設備指定乙太網路介面。

🖉 MAC 位址由代表 OUI 的前 24 個位元以及代表序號的後 24 個位元組成。

🖉 MAC 位址以十六進制表示。

» 常用的介面與電纜有哪些？

常用的乙太網路規格

乙太網路規格有很多種，而每種規格可搭配介面和電纜各有出入。目前最為廣泛利用的乙太網規格包括表 5-2 中的「10BASE-T」、「100BASE-TX」、「1000BASE-T」和「10GBASE-T」，上述這些規格都採用 RJ-45 作為乙太網路介面以及非封鎖雙絞線（UTP）。

非封鎖雙絞線（UTP）

非封鎖雙絞線（UTP，Unshielded Twisted Pair）是一種資料傳輸線，廣泛用於乙太網路，比如 LAN 電纜就是一種雙絞線電纜。

雙絞線電纜由 8 條以銅線包覆、相互絕緣的傳輸線組成，兩兩成對，形成四對不同顏色、互相纏繞的資料傳輸線。雙絞線電纜的纏繞效果越好，越能抵銷雜訊，根據纏繞品質而分為不同型號，因傳輸頻率不同而有各自應用範圍及傳輸速度。

RJ-45 的乙太網路介面

RJ-45 接頭是雙絞線的介面，目前被廣泛使用。當 RJ-45 接上雙絞線電纜，電流（數位訊號）最多可通過 8 個金屬接點，形成 4 道電流（攝影圖 5-1）。

表 5-2 雙絞線的型號

型號	最大傳輸頻率	主要應用
1 類（CAT-1）	-	語音傳輸
2 類（CAT-2）	1MHz	低速資料傳輸
3 類（CAT-3）	16MHz	10BASE-T、 100BASE-T2/T4、 令牌傳輸（4Mbps）
4 類（CAT-4）	20MHz	截至 3 類的傳輸應用、 令牌傳輸（16Mbps）、 ATM（25Mbps）
5 類（CAT-5）	100MHz	截至 4 類的傳輸應用、 100BASE-TX、 ATM（156Mbps）、 CDDI
超 5 類（CAT-5e）	100MHz	截至 5 類的傳輸應用、 1000BASE-T
6 類（CAT-6）	250MHz	截至超 5 類的傳輸應用、 ATM（622Mbps）、 ATM（1.2Gbps）
擴展 6 類（CAT-6A）	500MHz	10GBASE-T

攝影圖 5-1　　　　　　　**RJ-45 與雙絞線**

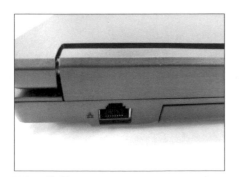

RJ-45 接頭

雙絞線

Point

✎ RJ-45 與雙絞線是常用的乙太網路規格。

✎ 雙絞線根據品質分為不同型號。

≫ 資料的格式

乙太網路的「資料」

想要利用乙太網路傳送資料，必須為資料加上乙太網路標頭，除此之外還要加上用來檢查錯誤的 FCS（訊框檢查序列，Frame Check Sequence）。資料、乙太網路標頭、FCS 三者結合起來，形成乙太網路訊框（ethernet frame），如圖 5-6。

最重要的是 MAC 位址

乙太網路標頭中含有三項資訊（表 5-3）。

- 接收端的 MAC 位址
- 發送端的 MAC 位址
- 類型編號

在這三項資訊中，最重要的是接收端與發送端的 MAC 位址。還記得要如何利用乙太網路，在乙太網路介面之間傳送資料嗎？**必須指定 MAC 位址，才能從某一個介面傳輸資料到另一個介面**。此外，類型編號代表了在乙太網路訊框中封裝了何種協定，如 TCP/IP 網路架構中的 IPv4 以 0x0800 表示。

乙太網路訊框所傳送的資料大小介於 64 位元至 1500 位元之間，可一次性傳輸資料的最大值稱為 MTU（Maximun Transmission Unit，最大傳輸單位）。超過 MTU 的資料會被分割為數個單位，利用 TCP 進行傳輸。

匯總乙太網路標頭、資料及 FCS 而形成的乙太網路訊框的大小介於 64 至 1518 位元之間。

圖 5-6　　　　　　　　　乙太網路訊框

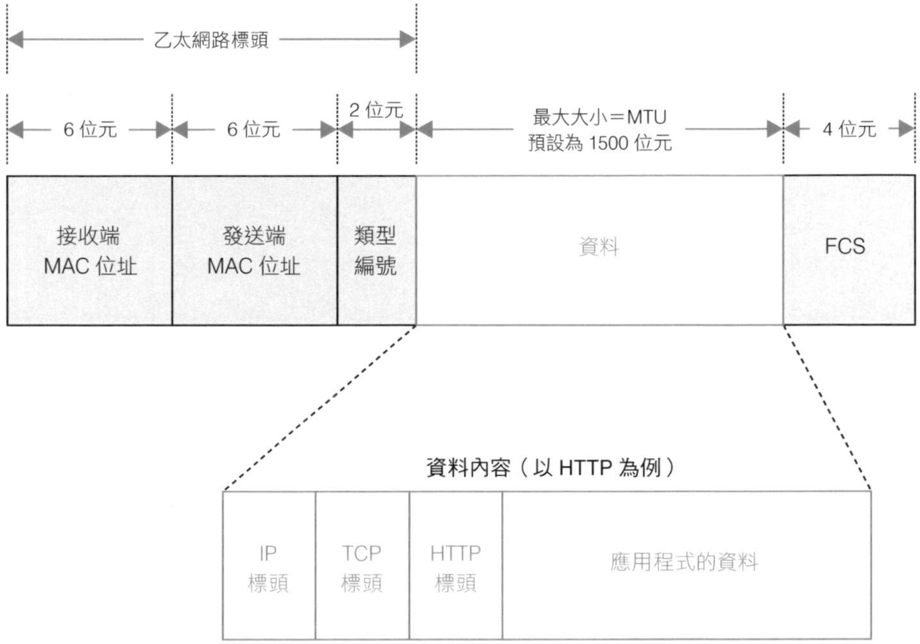

乙太網路標頭

| 6 位元 | 6 位元 | 2 位元 | 最大大小＝MTU
預設為 1500 位元 | 4 位元 |

| 接收端
MAC 位址 | 發送端
MAC 位址 | 類型
編號 | 資料 | FCS |

資料內容（以 HTTP 為例）

| IP
標頭 | TCP
標頭 | HTTP
標頭 | 應用程式的資料 |

表 5-3　　　　　　　　　主要的類型編號及代表協定

類型編號	代表協定
0x0800	IPv4
0x0806	ARP
0x86DD	IPv6

Point

✎ 資料、乙太網路標頭、FCS 三者結合，形成乙太網路訊框。

✎ 在乙太網路標頭內指定 MAC 位址，以便從某一個介面傳輸資料到另一個介面。

》 如何連接？

主要有三種連接結構

在閱讀網路相關介紹文章時，時不時會看到「拓撲」這個字眼。所謂的「拓撲」（topology），原本是數學領域中由幾何學與集合論裡發展出來的學科，研究空間、維度與變換等概念。網路拓撲學則是指構成網路的成員間特定的排列方式，主要有三種類型，也就是網路設備之間如何連接的三種結構（圖 5-7）。

- 匯流排拓撲（Bus）
- 星狀拓撲（Star）
- 環狀拓撲（Ring）

早期的乙太網路是匯流排拓撲

匯流排拓撲是一種連接結構，由一條主纜線串接所有的電腦或其他網路設備，比如 10BASE5 和 10BASE2 同軸電纜就是採用匯流排拓撲。換句話說，**匯流排拓撲與多個設備共用同一個傳輸介質**，因此使用者必須控制傳輸介質的使用方式，比如在乙太網路會使用一種稱為 CSMA/CD 的方法來控制（圖 5-8）。

現行作法則是以二層交換器為中心的星形拓撲。不過，假設要討論一個實際上並不是匯流排拓撲的乙太網路連接結構時，我們也常常以匯流排拓撲來表示，方便進行解說。

圖 5-7   主要的拓撲類型

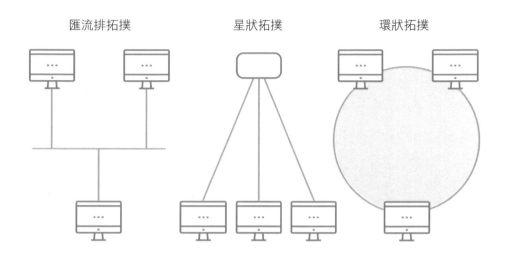

匯流排拓撲   星狀拓撲   環狀拓撲

圖 5-8   共用傳輸介質

早期的乙太網路（10BASE5/10BASE2）的拓撲結構

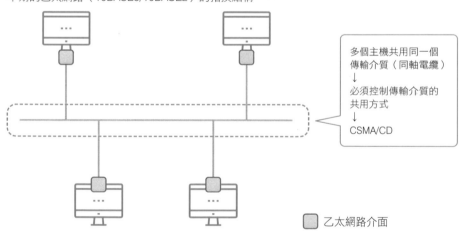

多個主機共用同一個
傳輸介質（同軸電纜）
↓
必須控制傳輸介質的
共用方式
↓
CSMA/CD

▢ 乙太網路介面

Point

✎ 網路拓撲指網路結構的連接形式。

✎ 早期的乙太網路採用匯流排拓撲，多個網路設備共用同一個傳輸介質。

» 控制資料傳輸的時機

一次僅限一台設備傳送資料

　　早期的乙太網路結構採用匯流排拓撲，各設備共用同一個傳輸介質，無法同時進行資料傳輸，**在同一單位時間內只允許一台設備發送資料**。這是因為資料以類比訊號（電流）的形式流經同軸電纜，在同一條電路上一次只能通過一個類比訊號。

「先搶先贏」控制法

　　CSMA/CD（Carrier Sense Multiple Access with Collision Detection，載波偵聽多路存取／碰撞檢測）是在乙太網路上控制傳輸介質的使用順序及共用機制的協定（圖 5-9），簡單來説，CSMA/CD 是「先搶先贏」制。

　　CSMA/CD 中的「CS」檢查目前電纜是否處於使用中的狀態。如果電纜正處於使用中，則待機；如果電纜處於空閒狀態，則可傳送資料。不過，如果出現多個主機判斷電纜處於空閒狀態而同時傳送資料的情況，則會發生碰撞而損壞資料。我們可以透過電壓的變化來掌握數位訊號是否發生衝突（圖 5-10）。

　　假設衝突發生了，則主機必須再次傳送資料。如果又在同一個時刻傳送資料的話不免再次發生衝突，因此裝置會隨機等待一段時間，等到電纜處於空閒狀態時再進行傳送。現在的乙太網路不再需要 CSMA/CD 協定，因為目前主機／網路設備不再共用同一個傳輸介質。

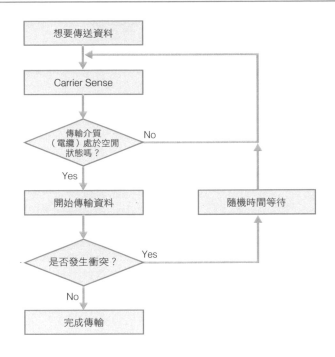

圖 5-9　　　　　　　　　　CSMA/CD 的運作流程

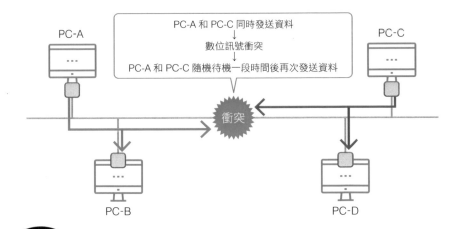

圖 5-10　　　　　　　　　　　　發生衝突

Point

✎ CSMA/CD 是「先搶先贏」制，當電纜處於空閒狀態時即可傳送資料。

✎ 現在的乙太網路不再需要 CSMA/CD。

第
5
章

控制資料傳輸的時機　……… CSMA/CD

≫ 建立乙太網路的網路

二層交換器的功能

二層交換器是使用乙太網路建立「一個」網路的網路設備。**即使連接多個二層交換器，也只能形成一個網路。**

不過，如果透過 VLAN，則可以利用多個二層交換器，形成不只一個網路，VLAN 將於第 6 章進行解說。

在這個以二層交換器建立起來的「一個」乙太網路之內進行資料傳輸，此時要傳輸的資料是乙太網路訊框，二層交換器不會對乙太網路訊框進行額外處理或變更，而是直接傳送。**為了轉發乙太網路訊框，二層交換器必須檢查乙太網路標頭所記載的 MAC 位址。** 接下來會逐步解說二層交換器的運作原理（圖 5-11）。

作為「網路的入口」

此外，二層交換器還可以做為「網路的入口」。在二層交換器上具備許多個乙太網路介面，如果用戶端電腦或伺服器想要連接網路，首先必須連接二層交換器，因此二層交換器又常稱為「存取開關」（access switch），家用型二層交換器也常被稱作「交換式集線器 ※4」（switching hub）。

※4　有時也簡稱為「集線器」。不過，筆者認為「集線器」這個說法並不妥善，因為容易與 OSI 參考模型中實體層的「共用集線器」的概念混淆。

圖 5-11　　　　　　　　　二層交換器概述

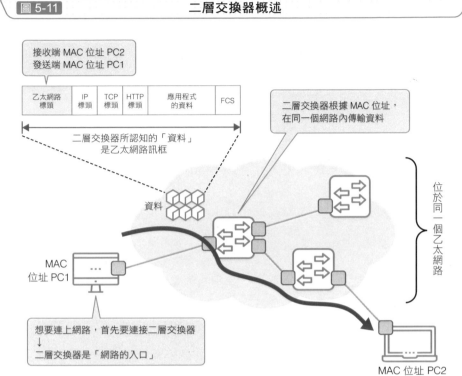

接收端 MAC 位址 PC2
發送端 MAC 位址 PC1

| 乙太網路標頭 | IP標頭 | TCP標頭 | HTTP標頭 | 應用程式的資料 | FCS |

二層交換器所認知的「資料」是乙太網路訊框

二層交換器根據 MAC 位址，在同一個網路內傳輸資料

位於同一個乙太網路

資料

MAC 位址 PC1

想要連上網路，首先要連接二層交換器
↓
二層交換器是「網路的入口」

MAC 位址 PC2

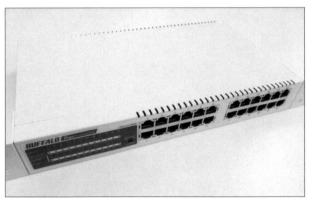

二層交換器

Point

✎ 二層交換器是使用乙太網路建立「一個」網路的網路設備。

✎ 二層交換器還有作為「網路的入口」的功能。

» 二層交換器的動作❶

二層交換器資料傳輸方式概述

二層交換器傳輸資料的流程如圖 5-12 所示,動作相當簡單。

❶ 接收乙太網路訊框,將發送端的 MAC 位址登錄到 MAC 位址表中。

❷ 比對接收端 MAC 位址與 MAC 位址表,確定接收端的連接埠,轉發該乙太網路訊框。如果 MAC 位址表上沒有登錄該 MAC 位址,則二層路由器會將這個乙太網路訊框轉發到所有可能的連接埠(洪泛法)。

二層交換器以上述方式傳輸資料,使用者無需進行額外設定,只要接上電源、與電腦配線之後即可使用。

從主機 A 傳送乙太網路訊框到主機 D(SW1 的動作)

以圖 5-13 這個網路架構圖來討論主機 A 如何利用二層交換器傳送乙太網路訊框到主機 D。主機 A 指定「接收端 MAC 位址:D」以及「發送端 MAC 位址:A」,傳送乙太網路訊框(圖 5-13-❶)。

SW1 在連接埠 1 接收乙太網路訊框,類比訊號轉換為由「0」和「1」兩個位元組成的一串數位訊號,藉此識別出乙太網路訊框。接著,將記載於乙太網路標頭的發送端與接收端 MAC 位址登錄到 MAC 位址表中。此時,**SW1 認知到:連接埠 1 連接了一個名為 A 的 MAC 位址**(圖 5-13-❷)。

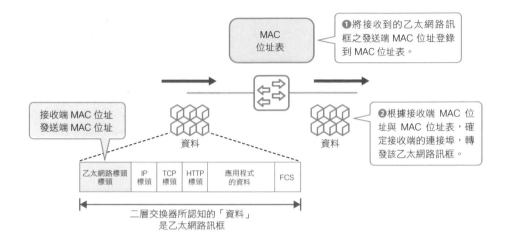

圖 5-12 第 2 層交換機操作流程

MAC 位址表

❶將接收到的乙太網路訊框之發送端 MAC 位址登錄到 MAC 位址表。

接收端 MAC 位址
發送端 MAC 位址

資料

資料

❷根據接收端 MAC 位址與 MAC 位址表，確定接收端的連接埠，轉發該乙太網路訊框。

乙太網路標頭 標頭	IP 標頭	TCP 標頭	HTTP 標頭	應用程式 的資料	FCS

二層交換器所認知的「資料」
是乙太網路訊框

圖 5-13 在 **SW1** 接收乙太網路訊框

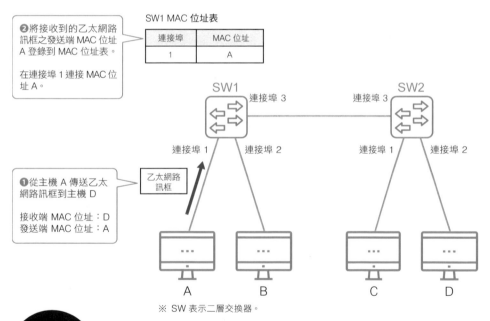

❷將接收到的乙太網路訊框之發送端 MAC 位址 A 登錄到 MAC 位址表。

在連接埠 1 連接 MAC 位址 A。

SW1 MAC 位址表

連接埠	MAC 位址
1	A

SW1　連接埠 3　　　連接埠 3　　SW2

連接埠 1　　連接埠 2　　　連接埠 1　　連接埠 2

❶從主機 A 傳送乙太網路訊框到主機 D

乙太網路訊框

接收端 MAC 位址：D
發送端 MAC 位址：A

A　　　B　　　C　　　D

※ SW 表示二層交換器。

Point

✎ 二層交換器無需設定即可運作。

✎ 二層交換器接收乙太網路訊框，並在 MAC 位址表上登錄其發送端 MAC 位址。

» 二層交換器的動作②

從主機 A 傳送乙太網路訊框到主機 D（SW1 的動作）

如圖 5-14 所示，延續上一節內容，SW1 看見一個名為 D 的接收端 MAC 位址，利用 MAC 位址表判斷應該發送到哪一個連接埠，然而 D 並沒有登錄在 MAC 位址表上。如果資料接收端沒有登錄在 MAC 位址表上，則此時的乙太網路訊框稱為「未知單播訊框」（Unknown Unicast Frame）。

總之先發送出去吧

未知單播訊框會發送到所有可能的連接埠，這個動作稱為洪泛法（flooding），請參見圖 5-14-❸。

二層交換器轉發乙太網路訊框的做法是「不知道該怎麼辦才好，總之先發送出去吧」。所幸二層交換器的轉發範圍僅限於同一個網路，因此這般隨性的轉發方法不會有太大的負面作用。這一點和第 6 章將詳細介紹的路由器大相逕庭，在不知道接收端的情境下，路由器的做法是捨棄資料。

因為二層交換器在連接埠 1 接收到這則乙太網路訊框，在採用洪泛法轉發訊框時，二層交換器會將其發送給連接埠 2 和連接埠 3。儘管二層交換器接收到的乙太網路訊框只有一份，為了轉發需求會進行複製。除了複製之外不會對訊框進行額外變更。

從連接埠 2 發送出去的乙太網路訊框，被傳送到不是正確目的地的主機 B。此時，主機 B 將接收端 MAC 位址與自身 MAC 位址進行比對，發現位址不相符，因此不會接收這則乙太網路訊框，直接捨棄。從連接埠 3 發送出去的乙太網路訊框，會繼續由 SW2 進行處理。

圖 5-14　在 **SW1** 傳送乙太網路訊框

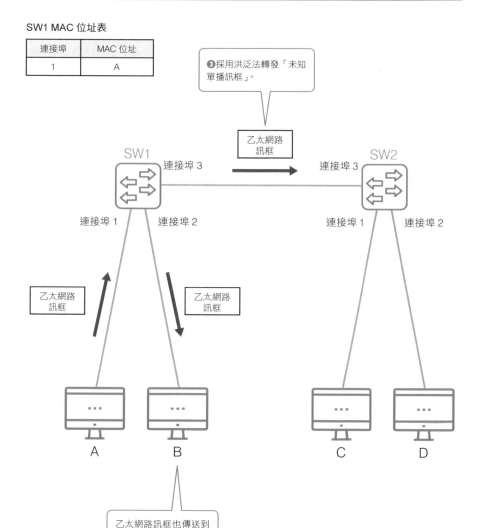

SW1 MAC 位址表

連接埠	MAC 位址
1	A

❸採用洪泛法轉發「未知單播訊框」。

乙太網路訊框

SW1

連接埠 3

SW2

連接埠 3

連接埠 1　　連接埠 2

連接埠 1　　連接埠 2

乙太網路訊框

乙太網路訊框

A　　　　B　　　　　C　　　　D

乙太網路訊框也傳送到主機 B，因與 B 無而被捨棄。

※ SW 表示二層交換器。

Point

✎ 利用接收端 MAC 位址與 MAC 位址表，判斷傳輸目的地。

✎ 接收端 MAC 位址如果沒有登錄到 MAC 位址表的話，則使用洪泛法轉發「未知單播訊框」。

» 二層交換器的動作❸

每個二層交換器都重複上述步驟

乙太網路訊框從主機 A 向主機 D 傳輸，在 SW1 以洪泛法轉發到可能的連接埠，由 SW2 的連接埠接收。此時 SW2 的動作與 SW1 一致，將這個乙太網路訊框的發送端 MAC 位址 A 登錄到 SW2 的 MAC 位址表上（圖 5-15-❶），不過，接收端 MAC 位址 D 尚且不會登錄到 MAC 位址表。根據洪泛法，SW2 繼續將乙太網路訊框轉發給除了連接埠 3 以外的連接埠 1、連接埠 2（圖 5-15-❷）。

主機 C 認識到接收端 MAC 位址與自己的 MAC 位址並不相符，因此選擇捨棄這個乙太網路訊框。主機 D 接收到乙太網路訊框，發現其接收端 MAC 位址就是自己的 MAC 位址，將資料交由 IP 等更上層的通訊協定處理。

傳輸的同時逐漸記憶 MAC 位址

正如這幾頁文字所述，**二層交換器會將 MAC 位址登錄到 MAC 位址表上，在傳輸乙太網路訊框的同時逐漸記憶 MAC 位址**。

雙向通訊原則

各位還記得通訊原則是雙向進行的嗎？上述例子是從主機 A 傳輸資料到主機 D，如果主機 D 想要回傳資料給主機 A，會是什麼樣子呢？請翻到下一節查閱詳細內容。

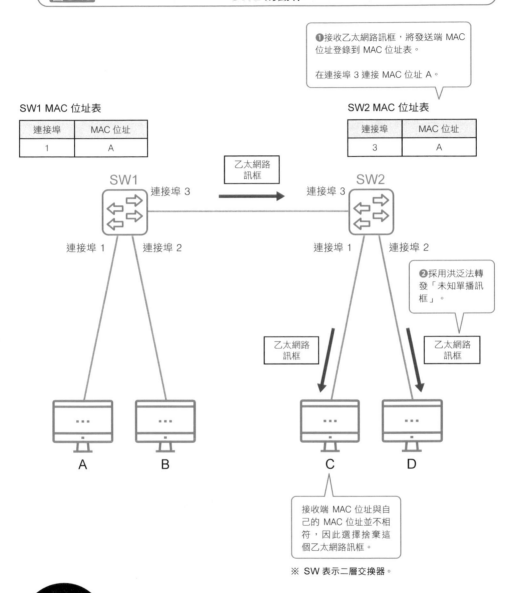

圖 5-15　SW2 的動作

❶接收乙太網路訊框，將發送端 MAC
位址登錄到 MAC 位址表。

在連接埠 3 連接 MAC 位址 A。

SW1 MAC 位址表

連接埠	MAC 位址
1	A

SW2 MAC 位址表

連接埠	MAC 位址
3	A

乙太網路訊框

SW1　連接埠 3　　　　　連接埠 3　SW2

連接埠 1　　連接埠 2　　　　連接埠 1　　連接埠 2

❷採用洪泛法轉
發「未知單播訊
框」。

乙太網路訊框　　　　　乙太網路訊框

A　　　　　B　　　　　　C　　　　　D

接收端 MAC 位址與自
己的 MAC 位址並不相
符，因此選擇捨棄這
個乙太網路訊框。

※ SW 表示二層交換器。

Point

📎 即使一個網路內有不只一個二層交換器，每一個二層交換器的運作流程
都一樣。

📎 在同一個網路內傳送乙太網路訊框的同時，二層交換器會逐漸記憶接收
到的乙太網路訊框之發送端。

≫ 二層交換器的動作❹

以同樣方式發送答覆

從主機 A 傳送乙太網路訊框到主機 D 之後，換成主機 D 向主機 A 傳送答覆。**現在，我們來了解如何從主機 D 傳送乙太網路訊框給主機 A。**

當傳輸路徑為從主機 D 傳送到主機 A，乙太網路訊框由 SW2 的連接埠 2 接收（圖 5-16-❶）。與目前所介紹的運作機制相同，二層交換器會將發送端 MAC 位址登入到 MAC 位址表中。將 MAC 位址 D 登錄到 SW2 的 MAC 位址表，使 SW2 認知到在連接埠 2 與 MAC 位址 D 相互連接（圖 5-16-❷）。接著，MAC 位址表上的紀錄，查找比對接收端 MAC 位址 A，發現連接埠 3 與 MAC 位址 A 相連，於是將乙太網路訊框發送給連接埠 3（圖 5-16-❸）。

從主機 D 傳輸乙太網路訊框到主機 A （SW1 的動作）

當 SW1 接收到從主機 D 傳送給主機 A 的乙太網路訊框後，也會執行相同的動作。首先將發送端 MAC 位址登錄到 MAC 位址表上。此時，SW1 認知到 MAC 位址 D 與連接埠 3 相互連接（圖 5-17-❶）。

接著又從 MAC 位址表上得知接收端 MAC 位址 A 與連接埠 1 相互連接，因此將乙太網路訊框傳送給連接埠 1（圖 5-17-❷）。

當主機 A 接收到由 SW1 轉發過來的乙太網路訊框後，繼續交由上一層的通訊協定處理。

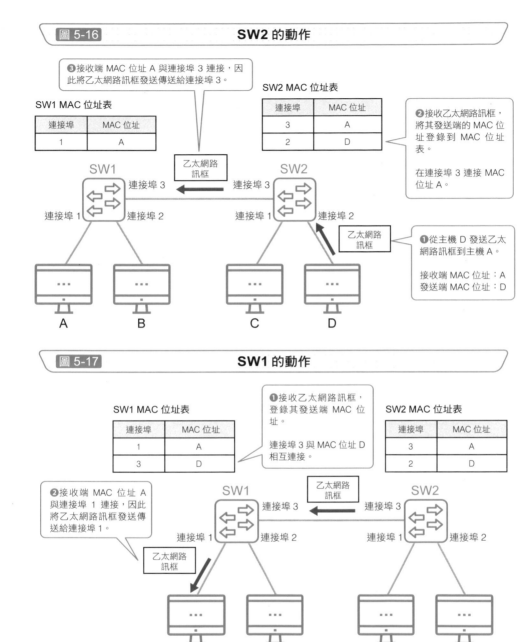

図 5-16　　　**SW2 的動作**

❸接收端 MAC 位址 A 與連接埠 3 連接，因此將乙太網路訊框發送傳送給連接埠 3。

SW2 MAC 位址表

連接埠	MAC 位址
3	A
2	D

SW1 MAC 位址表

連接埠	MAC 位址
1	A

❷接收乙太網路訊框，將其發送端的 MAC 位址登錄到 MAC 位址表。

在連接埠 3 連接 MAC 位址 A。

乙太網路訊框

SW1　連接埠 3 ← 連接埠 3　SW2

連接埠 1　連接埠 2　連接埠 1　連接埠 2

乙太網路訊框

❶從主機 D 發送乙太網路訊框到主機 A。

接收端 MAC 位址：A
發送端 MAC 位址：D

A　　B　　C　　D

図 5-17　　　**SW1 的動作**

SW1 MAC 位址表

連接埠	MAC 位址
1	A
3	D

❶接收乙太網路訊框，登錄其發送端 MAC 位址。

連接埠 3 與 MAC 位址 D 相互連接。

SW2 MAC 位址表

連接埠	MAC 位址
3	A
2	D

❷接收端 MAC 位址 A 與連接埠 1 連接，因此將乙太網路訊框發送傳送給連接埠 1。

乙太網路訊框

SW1　連接埠 3 ← 連接埠 3　SW2

連接埠 1　連接埠 2　連接埠 1　連接埠 2

乙太網路訊框

A　　B　　C　　D

※SW 表示二層交換器。

Point

✏ 通訊是雙向的過程。

✏ 回傳的乙太網路訊框會對調傳送端與接收端的 MAC 位址。

» 管理 MAC 位址表

一個連接埠不一定只有一個 MAC 位址

請注意，**一個連接埠不一定只能對應一個 MAC 位址**。登錄於 MAC 位址表的 MAC 位址，並不只有該交換器自身連接的網路設備的 MAC 位址。如果是多台交換器相互連接的情況，則 MAC 位址表上的某一個連接埠可以對應多個 MAC 位址。

舉例來說，在前一節所討論的網路結構中，SW1 與 SW2 以連接埠 3 相互連接。在 SW1 的 MAC 位址表中，連接埠 3 對應了 SW2 所連接的兩個主機之 MAC 位址。同理，在 SW2 的 MAC 位址表中，連接埠 3 對應了 SW1 所連接的兩個主機之 MAC 位址（圖 5-18）。

有時間限制

在 MAC 位址表上的 MAC 位址與連接埠之對應關係，可能會因為連接了與前次不同的連接埠而有所改變，因此登錄於 MAC 位址表的資訊並不是永久不變的。MAC 位址表上所登錄的 MAC 位址資訊具有時限，**其時間限制的長短，雖說依不同的交換器而異，一般來說時限為五分鐘**。當一個已登錄的 MAC 位址接收了乙太網路訊框，並且成為資料的發送端時，時限就會歸零，重新開始計算。使用者不需要進行任何額外操作，就能利用電腦發送資料。因此，在電腦處於運作狀態的絕大多數情況下 MAC 位址表上已經登錄了電腦的 MAC 位址。

此外，利用有線網路（乙太網路）傳送資料時，並不需要等待二層交換器的 MAC 位址表完成登錄作業。這是因為就算尚未完成登錄，二層交換器也會傳送多餘的資料，也就是說資料總是會被傳送出去。

圖 5-18 　　　　最後的 MAC 位址表

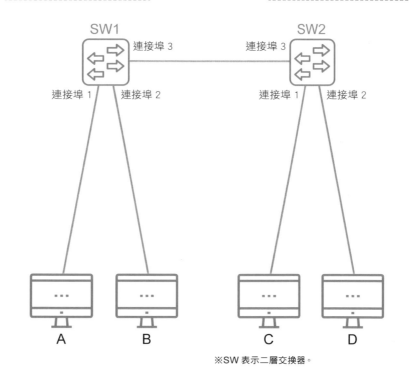

登錄與連接埠 3 相連、SW2 所接的所有 MAC 位址

登錄與連接埠 3 相連、SW1 所連接的所有 MAC 位址

SW1 MAC 位址表

連接埠	MAC 位址
1	A
2	B
3	C
3	D

SW2 MAC 位址表

連接埠	MAC 位址
1	C
2	D
3	A
3	B

※SW 表示二層交換器。

Point

✎ MAC 位址表上的某一個連接埠可以對應多個 MAC 位址。

✎ MAC 位址表上所登錄的 MAC 位址資訊具有時間限制。

» 在發送資料的同時也接收資料

一次性傳送／接收資料

在基於二層交換器的乙太網路中可以同時傳輸和接收資料，這種資料傳輸方式稱為「全雙工通訊」。與之相對的還有無法同時傳輸和接收資料的「半雙工通訊」，必須交替執行。早期的乙太網路是共用同一個傳輸介質的匯流排拓撲，屬於半雙工通訊，**在某一個給定時刻裡只有一台裝置可以發送資料，而其餘的裝置只能接收資料。**

乙太網路的現行機制為全雙工通訊

實現全雙工通訊的最簡單機制就是**將傳輸資料和接收資料分開，各自使用獨立的傳輸介質**，而現行的乙太網路正是利用二層交換器來實現全雙工通訊[5]。

電腦的乙太網路介面與二層交換器之間，以 UTP 雙絞線連接，它的外觀看起來只有一條，但其實由四條纜線組成。UTP 雙絞線有八根銅線，兩兩一組，總共可以傳輸四組數位訊號。

在乙太網路的標準規格中，傳輸速度為 10Mbps 或 100Mbps 的 10Base-T、10BASE-T 和 100BASE-TX 就是 4 組 UTP 雙絞線的配置，1 組為傳輸用，1 組為接收用，以利數位訊號通過。簡而言之，可以利用 UTP 雙絞線分開進行傳輸與接收資料。舉例來說，100BASE-TX 可以 100Mbps 的資料傳輸／接收速度，執行全雙工通訊（圖 5-19）。

[5]　如果乙太網路標準的傳輸速度為 1Gbps，其傳輸機制不屬於全雙工通訊。

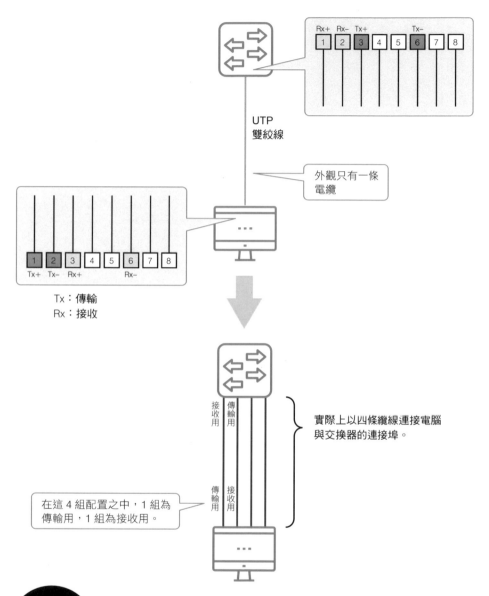

圖 5-19　**10BASE-T/100BASE-TX** 的全雙工通訊

Rx+　Rx−　Tx+　　　Tx−
1　2　3　4　5　6　7　8

UTP
雙絞線

外觀只有一條
電纜

Tx+　Tx−　Rx+　　　Rx−
1　2　3　4　5　6　7　8

Tx：傳輸
Rx：接收

接收用　傳輸用　　　傳輸用　接收用

實際上以四條纜線連接電腦
與交換器的連接埠。

在這 4 組配置之中，1 組為
傳輸用，1 組為接收用。

Point

🖉 全雙工通訊可同時進行傳輸與接收資料。

🖉 早期的乙太網路的資料傳輸與接收必須交替進行，屬於半雙工通訊。

🖉 現在的乙太網路可實現全雙工通訊。

≫ 不需要電纜也能輕鬆架設網路

配置電纜很麻煩

乙太網路是有線網路，這表示架設乙太網路需要配線。儘管跟早期採用的同軸電纜相比，目前常用的 UTP 雙絞線更加容易架設，但是配置電纜依舊是件麻煩事。因此，為了更加輕鬆地架設網路，無線區域網路因應而生。

無線區域網路概述

無線區域網路是不需要配置電纜就能輕鬆架設區域網路的網路技術。自 2000 年左右以來，民眾可以低廉價格購入無線區域網路產品，推動了無線區域網路的普及化。

如果想要架設一個無線區域網路，必須準備無線區域網路存取點（無線區域網路主機）及無線區域網路介面（無線區域網路子機）。

幾乎所有的電腦、智慧型手機、平板等裝置都搭載了無線區域網路介面。原先未搭載無線區域網路介面的桌上型電腦，也可以另行添加。這些利用無線區域網路介面連接網路的設備，常稱為「無線區域網路用戶端」。透過無線區域網路存取點進行資料傳輸的方式稱為「基礎建設模式」（infrastructure mode）※6。

從無線區域網路用戶端的應用程式傳送請求到伺服器端的過程中，伺服器幾乎都以乙太網路連接。也就是說，**不可能僅靠無線區域網路就完成通訊。**無線區域網路存取點與二層交換器相互連接，再與有線的乙太網路相連（圖 5-20）。

※6　還有另一種「Ad-hoc 模式（無線臨時網路）」可讓無線區域網路介面之間直接傳輸資料，比如兩台電腦之間，可直接透過無線網路卡上網。

圖 5-20　　　　　無線區域網路概述

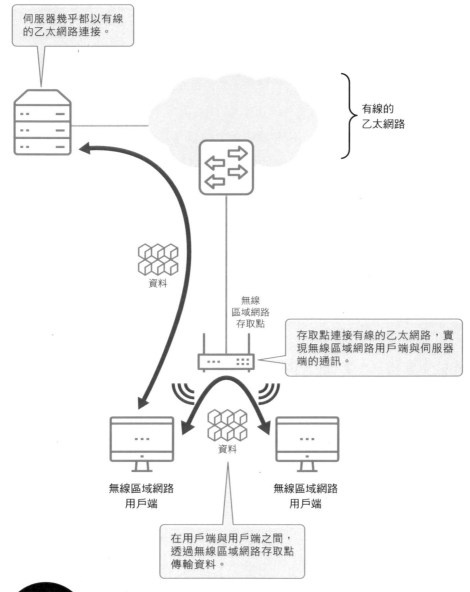

伺服器幾乎都以有線的乙太網路連接。

有線的
乙太網路

資料

無線
區域網路
存取點

存取點連接有線的乙太網路，實現無線區域網路用戶端與伺服器端的通訊。

資料

無線區域網路
用戶端

無線區域網路
用戶端

在用戶端與用戶端之間，透過無線區域網路存取點傳輸資料。

第 5 章　不需要電纜也能輕鬆架設網路　………　無線區域網路

Point

✎ 無線區域網路無需配置電纜，可以輕鬆地架設網路。

✎ 以無線區域網路存取點及無線區域網路用戶端構成網路。

✎ 無線區域網路存取點連接有線的乙太網路。

» 各式各樣的無線區域網路標準

乙太網路根據不同的傳輸介質與速度而有各式各樣的標準,無線區域網路也是如此。表 5-4 整理了 2018 年最為廣泛採用的無線區域網路標準。

各個無線區域網路標準之間的最大差異在於各標準所使用的頻率區間,大致上可分為 2.4 GHz 和 5GHz 兩個頻率區間,依電波搭載資料的不同方式,其傳輸速度也有所不同。IEEE802.11n/ac 是相對來說較新的標準,採用更先進的結構,實現更迅捷的通訊。不過,每個產品可允許的最大傳輸速度各有不同。當使用者準備購買採用 IEEE802.11n/ac 標準的無線區域網路存取點或無線區域網路介面,請記得確認產品可對應的最大傳輸速度。

什麼是 Wi-Fi？

「Wi-Fi」一詞應該比 IEEE 802.11 這個無線區域網路標準更耳熟能詳吧?過去,不同廠商所推出的無線區域網路裝置,常出現不相容或不能順利連上網路的情況。因此,1999 年工業界成立了 Wi-Fi 聯盟,致力解決符合標準的產品生產和裝置相容性問題。產品上所加註的 Wi-Fi 字樣,旨在告知使用者,即使製造商不同,也可以放心使用具有 Wi-Fi 字樣的產品(圖 5-21)。

不過,比起確保裝置可相互連接的相容性,現在 Wi-Fi 一詞更常用來指代無線區域網路。

表 5-4

主要的無線區域網路標準

標準名稱	制定時期	頻率區間	傳輸速度
IEEE802.11b	1999 年 10 月	2.4GHz	11Mbps
IEEE802.11a	1999 年 10 月	5GHz	54Mbps
IEEE802.11g	2003 年 6 月	2.4GHz	54Mbps
IEEE802.11n	2009 年 9 月	2.4GHz/5GHz	65-600Mbps
IEEE802.11ac	2014 年 1 月	5GHz	290Mbps-6.9Gbps

圖 5-21

Wi-Fi

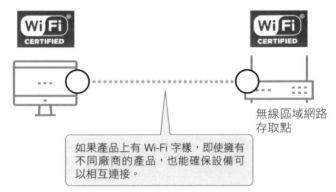

無線區域網路介面（A 廠商）　　　　無線區域網路存取點（B 廠商）

無線區域網路存取點

如果產品上有 Wi-Fi 字樣，即使擁有不同廠商的產品，也能確保設備可以相互連接。

Point

- ✎ 無線區域網路根據不同的頻率區段，與電波搭載資料的不同方式，而有各式各樣的標準。
- ✎ Wi-Fi 原本是確保各無線區域網路設備可相互連接的標示字樣，現在多用來指代無線區域網路。

第 5 章　各式各樣的無線區域網路標準 ……… IEEE802.11b/a/g/n/ac

≫ 連接無線區域網路

利用無線區域網路進行通訊

透過無線區域網路實現通訊這件事，可不是直接將電波發送到空中。首先，必須連接無線網路存取點，建立與無線區域網路的連結，也就是「關聯」（association），相當於在有線的乙太網路中配置電纜。

指定 SSID 進行連接

想要進行關聯，SSID（服務設定識別碼，Service Set Identifier）不可或缺，SSID 用以識別無線區域網路的邏輯群組。**無線區域網路存取點會預先設定好最長 32 位元組區分大小寫的字串，表示無線網路的名稱。**一台無線網路存取點可以擁有一個或多個 SSID，或者多台無線網路存取點也可以對應同一個 SSID。SSID 又稱為 ESSID（擴充服務設定識別碼，Extended Service Set Identifier）。

無線區域網路用戶端會從存取點發送出的控制信號（信標）中搜尋可用的電波頻段（頻道），一旦知道哪些頻道可供使用後，會指定 SSID，向無線區域網路存取點送出關聯請求。收到請求後的存取點會返回是否提供連線的答覆（圖 5-22）。

此外，**有關加密與身份驗證的安全性設置必須透過 SSID 設定。**如果擁有多個 SSID，則使用者可對每一個 SSID 進行個別的安全性設置，以便控制無線區域網路用戶端的通訊安全。

圖 5-22　關聯

有線區域網路（乙太網路）

SW1

無線區域網路

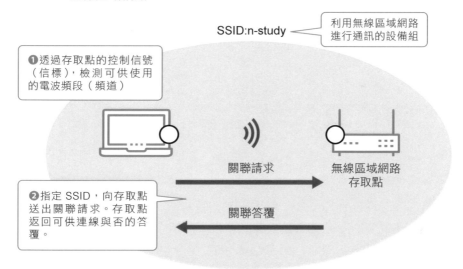

SSID:n-study

利用無線區域網路
進行通訊的設備組

❶ 透過存取點的控制信號
（信標），檢測可供使用
的電波頻段（頻道）

❷ 指定 SSID，向存取點
送出關聯請求。存取點
返回可供連線與否的答
覆。

關聯請求

關聯答覆

無線區域網路
存取點

☐　乙太網路介面

◯　無線區域網路介面

※SW 表示二層交換器。

Point

✎ 向無線區域網路存取點請求關聯以利用無線網路進行通訊。

✎ 指定 SSID 以進行關聯。

» 重複使用無線電波

無線區域網路的通訊速度沒有那麼快

新一代 IEEE802.11n/ac 無線區域網路標準的最大通訊速度並不遜於有線乙太網路。然而與乙太網路相比，**無線區域網路很少能以理論上的最快速度進行通訊**。我們在使用應用程式的實際通訊速度稱為「實際速度」或「輸送量」。無線區域網路的輸送量，約為標準通訊速度的一半，原因在於無線區域網路會重複使用電波，這和早期的乙太網路重複使用同一個傳輸介質的原因相同。

無線區域網路的衝突

無線區域網路所利用的傳輸介質是電波，而設定於無線區域網路存取點的特定電波頻段稱為「頻道」。無線區域網路存取點如果與多個用戶端關聯，則這些用戶端會共用該頻道的電波。

在同一個瞬間，只有一個無線區域網路用戶端可以利用無線區域網路，以電波搭載資料進行通訊。如果，同時間有多個用戶端試圖傳送資料，則會發生電波重合的情形，接收端無法將接收到的電波轉換為原來的資料，這種情形稱為無線區域網路的「衝突」（圖 5-23）。

想讓多個無線區域網路用戶端重複使用電波傳送資料，必須盡力避免發生衝突，因此，掌握各用戶端傳送資料的時間點至關重要。

在無線區域網路中，採用 CSMA/CA（載波偵聽多路訪問／碰撞避免，Carrier Sense Multiple Access with Collision Avoidance）來控制資料輸送時機。

圖 5-23　　　　　　　　無線區域網路的衝突

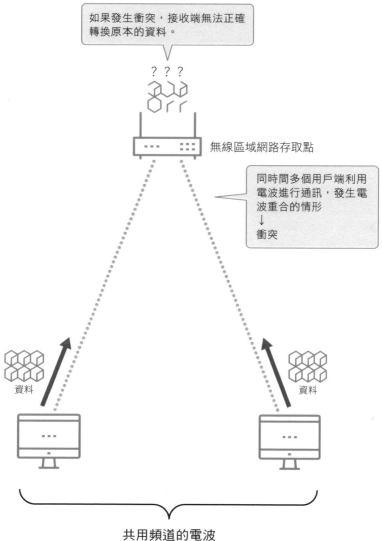

如果發生衝突，接收端無法正確
轉換原本的資料。

？？？

無線區域網路存取點

同時間多個用戶端利用
電波進行通訊，發生電
波重合的情形
↓
衝突

資料　　　　　　　　　　資料

共用頻道的電波

Point

✎ 與同一個無線網路存取點關聯的用戶端，會重複利用該存取點的電波。

✎ 因為電波經重複使用，無法達到理論上的最大通訊速度。

✎ 為了避免發生無線區域網路的衝突，採用 CSMA/CA 作為重複使用電波
的控制機制。

》在不發生衝突的情況下傳送資料

CSMA/CA 控制機制

一言以敝之，CSMA/CA 就是以「先搶先贏」的方式決定電波的使用順序，其機制如下列流程（圖 5-24）：

1. 確認電波是否處於使用狀態（Carrier Sense）

當用戶端想要發送資料時，會先確認電波是否正處於使用狀態。與存取點成功關聯時，就能取得頻道並偵測頻道電波，以確認電波是否處於使用狀態。如果電波處於使用狀態，用戶端會進行待機。如果檢測不到電波，則待機一段時間。

2. 隨機時間待機（Collision Avoidance）

儘管電波不處於利用狀態時就能傳送資料，但用戶端不會立刻發送，而是隨機待機一段時間。當多個用戶端同時判斷電波可供利用而立刻發送資料時，很有可能發生衝突。因此，用戶端會隨機待機一段時間，與其他用戶端發送資料的時間錯開，避免發生衝突。

3. 發送資料

經過一段待機時間，且電波可供使用，那麼用戶端終於能透過電波發送資料了。為了確認確實接收資料，無線區域網路的通訊機制會返回一個 ACK 訊息（Acknowledge，確認）。而同一時間，對於其他的無線區域網路用戶端來說，此時電波處於使用狀態，因此必須隨機等待一段時間後才能陸續發送資料。

圖 5-24 CSMA/CA

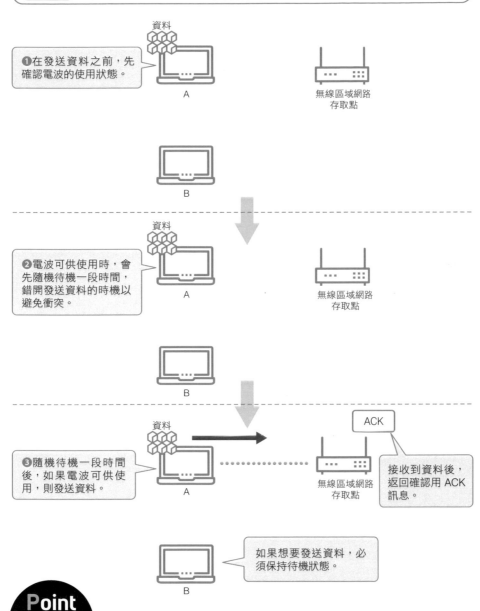

資料

❶在發送資料之前，先確認電波的使用狀態。

A

無線區域網路存取點

B

❷電波可供使用時，會先隨機待機一段時間，錯開發送資料的時機以避免衝突。

資料

A

無線區域網路存取點

B

資料

❸隨機待機一段時間後，如果電波可供使用，則發送資料。

A

ACK

無線區域網路存取點

接收到資料後，返回確認用 ACK 訊息。

如果想要發送資料，必須保持待機狀態。

B

第 5 章

在不發生衝突的情況下傳送資料 ········ CSMA/CA

Point

- 利用 CSMA/CA 機制避免衝突，讓多個無線區域網路用戶端使用同一個電波頻段。

- 判斷電波處於空閒狀態後，用戶端會先隨機待機一段時間，以避免發生衝突。

» 無線區域網路的安全性

惡意使用者也能輕鬆使用

抱持惡意的使用者也能輕鬆使用便利的無線網路，如果不研擬適當的安全對策，則透過無線區域網路傳輸的資料很有可能被竊聽，或者發生透過無線區域網路非法入侵的風險。

無線區域網路安全性之重點

驗證與加密是無線區域網路安全性的討論關鍵。

無線區域網路存取點可以透過驗證，為正規使用者提供網路存取權。另外，為透過無線區域網路進行傳輸的資料加密，即使被監聽電波，也能防範資料內容被第三者竊聽（圖 5-25）。

無線區域網路的標準

為確保無線區域網路的安全性而制定了相關標準，而現行的安全性標準為WPA2，又稱為 IEEE802.11i。

WPA2 採用 AES（進階加密標準，Advanced Encryption Standard）為資料進行加密，同時以 IEEE802.1X 進行身份驗證。IEEE802.1X 可提供高階的使用者認證，亦為一般使用者提供簡單的密碼驗證。

要截至 2018 年，**大多數無線區域網路設備都能支援 WPA2 之安全標準**。加上 WPA2 相當容易設定，所以請務必在使用無線區域網路時，一併設置WPA2 之安全性設置。

圖 5-25　　　　　　無線區域網路的安全對策要點

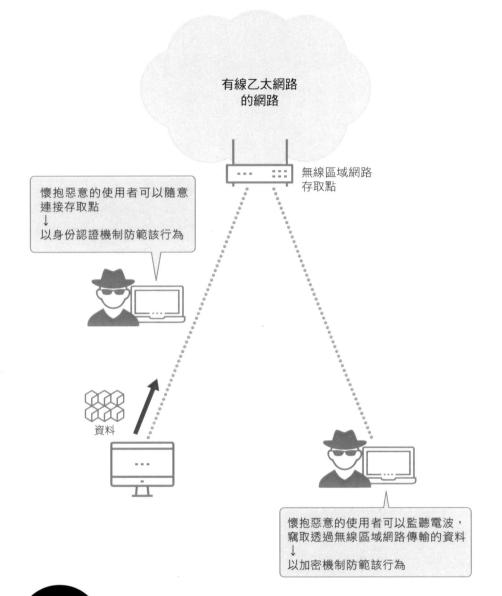

有線乙太網路
的網路

無線區域網路
存取點

懷抱惡意的使用者可以隨意
連接存取點
↓
以身份認證機制防範該行為

資料

懷抱惡意的使用者可以監聽電波，
竊取透過無線區域網路傳輸的資料
↓
以加密機制防範該行為

Point

🖉 確保無線區域網路的安全性至關重要。

🖉 資料加密與使用者認證是無線區域網路安全性之兩大重點。

🖉 無線區域網路的安全性標準為 WPA2 (IEEE802.11i)。

課 後 練 習

確認 MAC 位址

在 Windows 電腦中查看 MAC 位址。

步驟

❶ 開啟「命令提示字元」。

關於如何開啟命令提示字元，請參閱第 3 章的課後練習。

❷ 輸入「ipconfig /all」指令。

命令提示字元裡顯示的「實體位址」部分即為 MAC 位址。

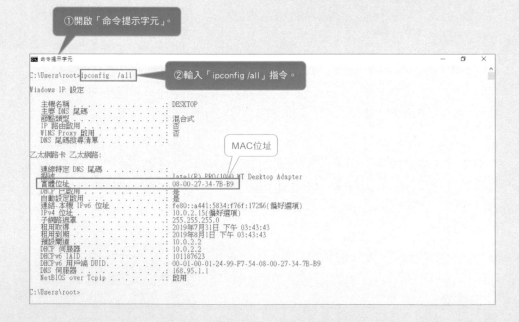

第 6 章

路由
~ 傳送到遠處的網路 ~

≫ 向相距甚遠的網路傳送資料

如何向不同的網路運送資料？

第 5 章討論了透過乙太網路或無線區域網路，可以在同一個網路內傳送資料。**至於如何在不同網路之間傳送資料，則需要依賴連接不同網路的路由器。**

路由器會判斷資料的接收端連接哪一個網路，並向連接該網路的路由器轉發資料（路由，routing），將資料發送到位於不同網路的接收端。多次重複此「路由」動作，將資料從發送端傳遞到接收端，即使是相距甚遠的網路，也能透過路由器將資料傳送到目的地（圖 6-1）。

運送的資料是 IP 封包

路由器所傳送的資料格式是位於 TCP/IP 架構之網路層的 IP 封包，「路由」正是在網路層進行。當路由器轉發 IP 封包時，會檢查 IP 標頭內的接收端 IP 位址，更改 IP 標頭資訊的存活時間（TTL）與標頭檢驗和（header checksum），其餘內容保留不變，然後進行轉發 ※1。

不過，**如乙太網路標頭等隸屬於網路介面層通訊協定的標頭，路由器在轉發資料時會替換為全新標頭**，這是因為網路介面層的標頭（如乙太網路標頭）的功能是將資料發送到同一個網路上的其他路由器上（圖 6-2）。

※1　執行 NAT（網路位址轉換）時，IP 位址也會隨之變更。

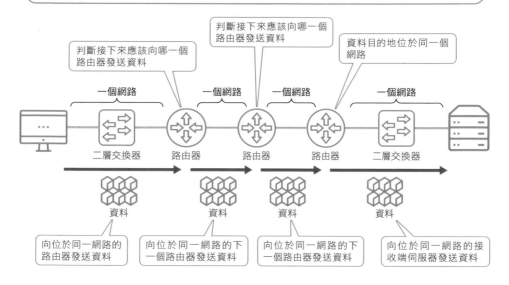

圖 6-1　路由概述

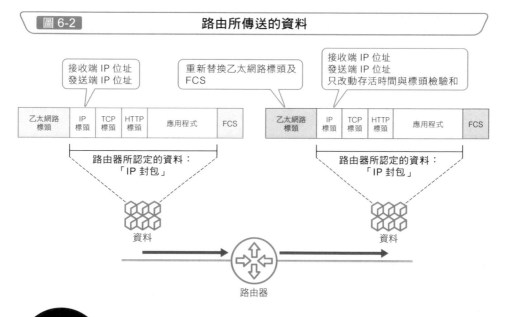

圖 6-2　路由所傳送的資料

Point

✎ 路由器會判斷資料的接收端與哪一個網路連接，繼而轉發資料到下一個路由器。

✎ 路由器轉發的資料為 IP 封包。

» 將路由器連接到網路的 必要位址設置

設定 IP 位址以連接網路

在 3-12 曾經討論過「想要連接網路，就要設定 IP 位址」，以路由器連接多個網路時，也必須進行 IP 位址設定。

路由器介面的實際配線，加上 IP 位址設定，使用者才能透過路由器將多個網路相互連接起來。舉個例子來說，首先為路由器的介面 1 實際配線，啟用路由器介面。接著，將 IP 位址設定為 192.168.1.254/24，使路由器的介面 1 連上名為 192.168.1.254/24 的網路。**路由器通常具有不只一個介面，因此必須為每個介面個別配線與設定 IP 位址。**

利用路由器相互連接網路的例子

圖 6-3 的 R1 有三個介面，介面 1 實際配線，且設定 IP 位址為 192.168.1.254/24，則 R1 的介面 1 與網路 1 的 192.168.1.254/24 相連。同理，依序為介面 2 及介面 3 設定 IP 位址，如此一來，R1 與網路 1、網路 2、網路 3 相互連接。

網路 3 不只與 R1 連接，也與 R2 連接在一起。如同我們對 R1 的操作設定，R2 的三個介面也進行實際配線與 IP 設定後，R2 與網路 3、網路 4、網路 5 相互連接。

像這樣子，網路與網路相互連接，路由器就在這些連接在一起的網路之間傳送資料（IP 封包）。

圖 6-3　　　　　　　　**透過路由器相互連接網路**

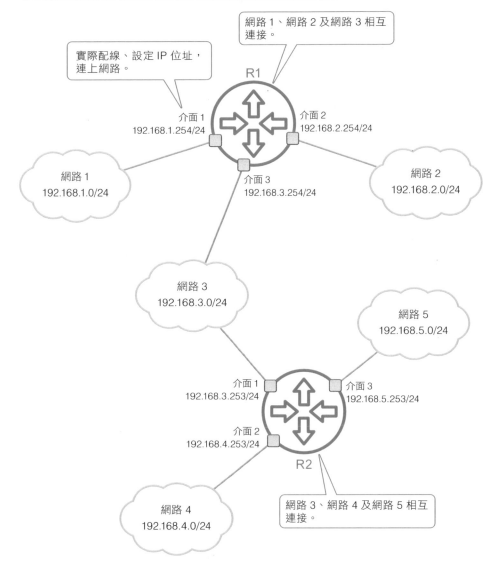

網路 1、網路 2 及網路 3 相互連接。

實際配線、設定 IP 位址，連上網路。

R1

介面 1
192.168.1.254/24

介面 2
192.168.2.254/24

網路 1
192.168.1.0/24

介面 3
192.168.3.254/24

網路 2
192.168.2.0/24

網路 3
192.168.3.0/24

網路 5
192.168.5.0/24

介面 1
192.168.3.253/24

介面 3
192.168.5.253/24

介面 2
192.168.4.253/24

R2

網路 4
192.168.4.0/24

網路 3、網路 4 及網路 5 相互連接。

Point

🖉 路由器相互連接各個網路。

🖉 在路由器的介面設定 IP 位址以便連上網路。

» 決定資料的轉發目的地

路由器轉發資料的流程

下列是一個採用乙太網路的簡易網路架構圖（圖 6-4），說明路由器轉發資料（IP 封包）的具體流程。

1. 接收路由對象的 IP 封包

路由器所接手的 IP 資料包，是具有下列位址資訊的資料封包：

- 接收端第二層位址（MAC 位址）：路由器
- 接收端 IP 位址：路由器的 IP 位址除外

從主機 1 發送到主機 2 的 IP 封包，首先會經由 R1 轉發，此時的位址資訊如下列所示：

- 接收端 MAC 位址：R11　　發送端 MAC 位址：H1
- 接收端 IP 位址：192.168.2.100　　發送端 IP 位址：192.168.1.100

2. 檢索路由資訊，決定轉發目的地

接著，利用接收端 IP 位址來檢索路由表中的路由資訊，決定發送目的地。R1 會向路由表查詢與 IP 位址一致的路由資訊。與接收端 IP 位址 192.168.2.100 一致的路由資訊為 192.168.2.0/24，因此轉發目的地的下一跳位址（下一個進行轉發的路由器）為 192.168.0.2，也就是 R2。

下一節將說明如何重寫第二層標頭以轉發 IP 封包的流程。

圖 6-4 **接收路由對象的 IP 封包、檢索路由表**

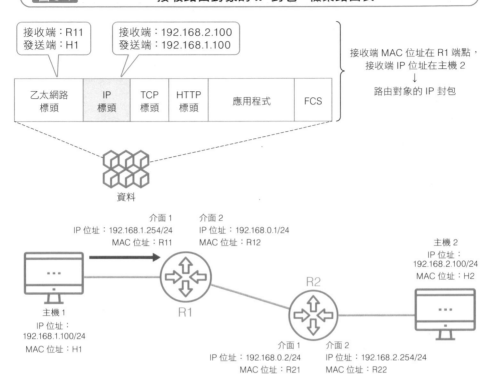

接收端：R11
發送端：H1

接收端：192.168.2.100
發送端：192.168.1.100

接收端 MAC 位址在 R1 端點，
接收端 IP 位址在主機 2
↓
路由對象的 IP 封包

乙太網路標頭	IP標頭	TCP標頭	HTTP標頭	應用程式	FCS

資料

介面 1
IP 位址：192.168.1.254/24
MAC 位址：R11

介面 2
IP 位址：192.168.0.1/24
MAC 位址：R12

主機 2
IP 位址：
192.168.2.100/24
MAC 位址：H2

主機 1
IP 位址：
192.168.1.100/24
MAC 位址：H1

R1

R2

介面 1
IP 位址：192.168.0.2/24
MAC 位址：R21

介面 2
IP 位址：192.168.2.254/24
MAC 位址：R22

R1路由表

網路位址	下一跳位址
192.168.0.0/24	直接連線
192.168.1.0/24	直接連線
192.168.2.0/24	192.168.0.2（R2）

與接收端 IP 位址 192.168.2.100 一致的路由資訊
↓
接下來向 192.168.0.2（R2）傳送

Point

✏ 路由對象的 IP 封包，具有下列位址資訊：

- 接收端第二層位址：路由器
- 接收端 IP 位址：路由器除外

✏ 利用接收端 IP 位址來檢索路由表中的路由資訊，決定發送目的地。

» 向下一個路由器轉發資料

重寫第二層標頭以轉發 IP 封包

截至上一節內容，我們瞭解了路由器如何查詢路由資料，向下一跳位址轉發資料。圖 6-5 的 R1，透過查詢路由表上的路由資訊，將接收到的 IP 封包傳送給 192.168.0.2（R2）。因為 R1 與 R2 位於以乙太網路構成的網路，想要向 R2 傳送資料，必須附加乙太網路標頭，所以需要 R2 的 MAC 位址。

可以利用 ARP 位址解析協定，利用 IP 位址來取得 MAC 位址。透過查詢位址表之位址資訊，可以知道下一跳位址 R2 的 IP 位址是 192.168.0.2。R1 會自動執行 ARP 解析位址，取得 192.168.0.2 的 MAC 位址。接著，透過 ARP 掌握 MAC 位址為 R21 後，變更乙太網路標頭的內容，將 IP 封包發送給介面 2。

此時，**位於第二層標頭的乙太網路標頭內容是全新的**，並且附加新的 FCS。不過，IP 標頭內的 IP 位址不會變動，存活時間（TTL）則會 -1，並且重新計算標頭檢驗和。

資料從 R1 傳送到 R2，接著在 R2 進行後續的路由處理。如果路由器根據 NAT（網路位址轉換）轉換 IP 位址，則重新寫入 IP 位址。 在一般執行路由的情況下，不會變動 IP 位址。

圖 6-5 　　　　　重寫第二層標頭以便轉發到 R2

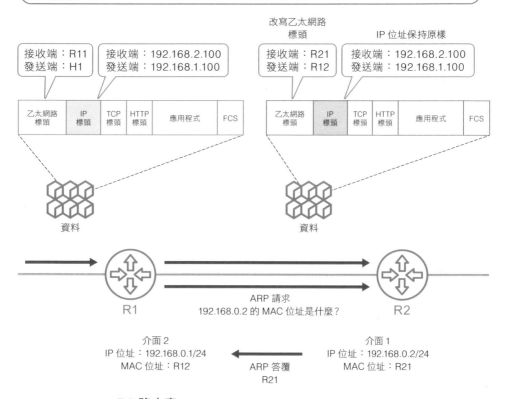

R1 路由表

網路位址	下一跳位址
192.168.0.0/24	直接連線
192.168.1.0/24	直接連線
192.168.2.0/24	192.168.0.2（R2）

為了透過乙太網路向 192.168.0.2 傳送資料，
必須取得 192.168.0.2 的 MAC 位址
↓
利用 ARP 解析位址

Point

✎ 為了轉發給下一跳位址，必須為資料附加新的標頭。

✎ 在連接乙太網路的情況下，將會自動執行 ARP 請求，確定下一跳位址的 MAC 位址。

171

≫ 確認最終接收端

R2 也執行相同處理

在圖 6-5 中,從 R1 發送出來的 IP 封包,由 R2 接收 (圖 6-6)。各路由器會執行各自的路由處理,在 R2 也會像 R1 一樣,執行路由處理。

下列為 R2 所接收到的 IP 封包的位址資訊。

[R2 接收到的位址資訊]

| 接收端 MAC 位址:R21 | 發送端 MAC 位址:R12 |
| 接收端 IP 位址:192.168.2.100 | 發送端 IP 位址:192.168.1.100 |

[初始的位址資訊]

| 接收端 MAC 位址:R11 | 發送端 MAC 位址:H1 |
| 接收端 IP 位址:192.168.2.100 | 發送端 IP 位址:192.168.1.100 |

與主機 1 所發出的 IP 封包資訊兩相對比,MAC 位址變更了,而 IP 位址維持原樣。接收端 MAC 位址為 R2 的 MAC 位址,但接收端 IP 位址並不是 R2 的 IP 位址。這是路由對象的 IP 封包。

最終目的地在哪裡?

R2 會向路由表查詢與接收端 IP 位址 192.168.2.100 一致的路由資訊,然後取得 192.168.2.0/24 的路由資訊,以直接連線的方式連接下一跳位址,最終目的地的 IP 位址 192.168.2.100 與 R2 處於同一個網路上。

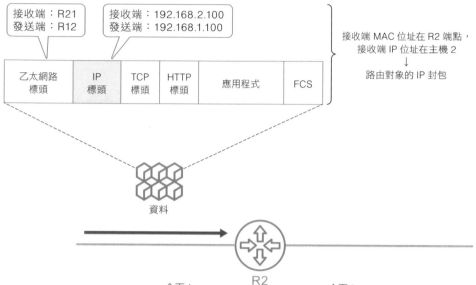

圖 6-6	R2 接收路由對象封包與檢索路由表

接收端：R21
發送端：R12

接收端：192.168.2.100
發送端：192.168.1.100

接收端 MAC 位址在 R2 端點，
接收端 IP 位址在主機 2
↓
路由對象的 IP 封包

乙太網路標頭	IP 標頭	TCP 標頭	HTTP 標頭	應用程式	FCS

資料

R2

介面 1
IP 位址：192.168.0.2/24
MAC 位址：R21

介面 2
IP 位址：192.168.2.254/24
MAC 位址：R22

R2 路由表

網路位址	下一跳位址
192.168.0.0/24	直接連線
192.168.1.0/24	192.168.0.1（R1）
192.168.2.0/24	直接連線

與接收端 IP 位址 192.168.2.100 一致的路由資訊
↓
最終目的地的 IP 位址 192.168.2.100 與 R2 處於同一個網路上

Point

✎ 各路由器執行路由處理，將 IP 封包轉發給與最終接收端直接連線的路由器。

第6章 確認最終接收端 ……… 下一個路由器的處理

173

» 將資料傳送到最終接收端

確認處於同一個網路

從路由表上的路由資訊可以得知，IP 封包的最終接收端 192.168.2.100（主機 2），與 R2 的介面 2 位於同一個網路。**為了向最終接收端主機 2 傳送 IP 封包，必須先取得主機 2 的 MAC 位址。**

因此，執行 ARP 請求，取得 IP 封包的接收端 IP 位址 192.168.2.100，解析其相應的 MAC 位址。得知 MAC 位址為 H2 後，附加新的乙太網路標頭，從 R2 的介面發送 IP 封包。此時的接收端 MAC 位址與 R2 接收到的不同，但 IP 位址維持原樣。

如圖 6-7 所示，R2 所傳送的 IP 封包順利抵達最終目的地，也就是主機 2。

資料傳送後返回答覆

請再次回憶一下，原則上通訊是一種雙向的溝通流程，後續內容將不再贅述。

從主機 1 向主機 2 傳送資料後，主機 2 會向主機 1 返回答覆。路由器會根據接收端 IP 位址來執行路由處理，判斷合適的轉發端點。接著，改寫第二層標頭以便轉發資料。

圖 6-7　重寫第二層標頭以轉發給主機 2

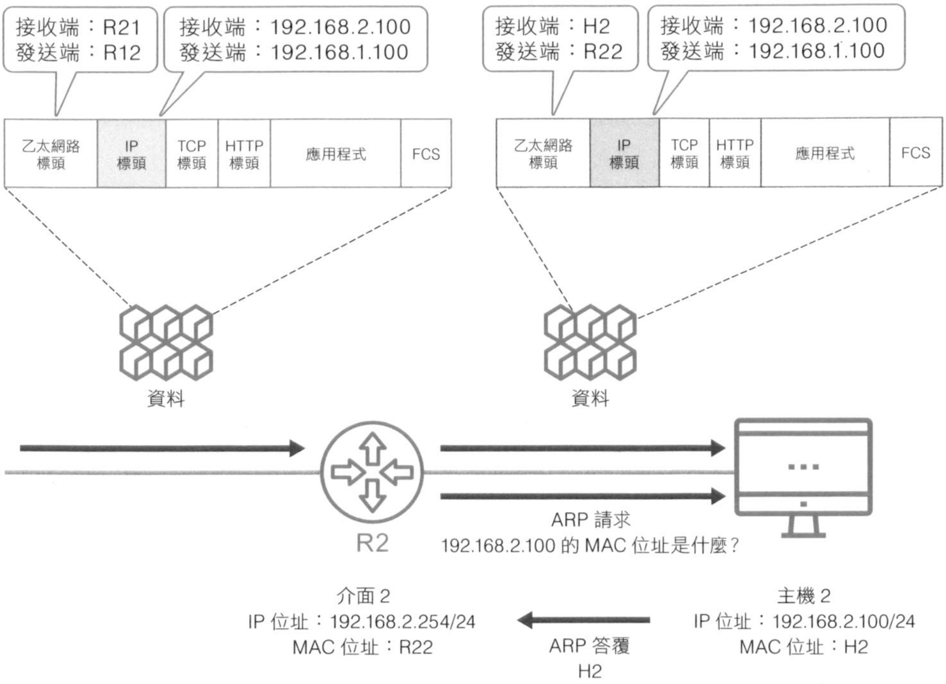

接收端：R21
發送端：R12

接收端：192.168.2.100
發送端：192.168.1.100

接收端：H2
發送端：R22

接收端：192.168.2.100
發送端：192.168.1.100

乙太網路標頭	IP標頭	TCP標頭	HTTP標頭	應用程式	FCS

乙太網路標頭	IP標頭	TCP標頭	HTTP標頭	應用程式	FCS

資料

資料

R2

ARP 請求
192.168.2.100 的 MAC 位址是什麼？

介面 2
IP 位址：192.168.2.254/24
MAC 位址：R22

ARP 答覆
H2

主機 2
IP 位址：192.168.2.100/24
MAC 位址：H2

R2 路由表

網路位址	下一跳位址
192.168.0.0/24	直接連線
192.168.1.0/24	192.168.1.1 (R1)
192.168.2.0/24	直接連線

與最終接收端 IP 位址 192.168.2.100 位於
同一網路，透過 ARP 位址解析取得
192.168.2.100 的相應 MAC 位址。

Point

🖊 轉發路徑的最後一個路由器利用 ARP 查詢與 IP 位址相應的 MAC 位址，
以便轉發 IP 封包。

🖊 別忘了通訊是雙向流程。

≫ 路由器所認知的網路資訊

什麼是路由表？

上一節內容介紹了路由表必須參照路由表，才能執行路由處理。路由表儲存著指向特定網路位址的路徑，提供路由器將 IP 封包轉發到指定網路的路徑。登錄於路由表上的網路資訊，稱為路由資訊或路徑資訊。

路由資訊的內容

路由表內如何記載路由資訊，依不同的路由器產品而異。圖 6-8 展示的是企業用路由器經常採用，由思科系統（Cisco Systems）所出產的路由器之路由表。

其中，接收端的網路位址／子網路遮罩與下一跳位址是最為重要的路由資訊。

只要記住鄰近的路由器資訊就行

路由表可以識別相鄰路由器的網路設置。路由表並不會記載整個網路的詳細設置，而是以該路由器為中心，掌握鄰近的路由器是否與網路相連。路由器會在已連接的網路內反覆進行傳輸，只要能夠向鄰近的路由器發送資料即可。

如果無法在路由表上找到對應的發送端目的地，則欲發送到該目的地的 IP 封包會被丟棄。因此，對於網路上所有的路由器來說，都必須毫無遺漏地將必要路由資訊登錄於路由表上。

圖 6-8 路由表示例

```
R1#show ip route
Codes: C - connected, S - static, I - IGRP, R - RIP, M - mobile, B - BGP
       D - EIGRP, EX - EIGRP external, O - OSPF, IA - OSPF inter area
       N1 - OSPF NSSA external type 1, N2 - OSPF NSSA external type 2
       E1 - OSPF external type 1, E2 - OSPF external type 2, E - EGP
       i - IS-IS, su - IS-IS summary, L1 - IS-IS level-1, L2 - IS-IS level-2
       ia - IS-IS inter area, * - candidate default, U - per-user static route
       o - ODR, P - periodic downloaded static route

Gateway of last resort is not set

S    172.17.0.0/16 [1/0] via 10.1.2.2
S    172.16.0.0/16 [1/0] via 10.1.2.2
     10.0.0.0/24 is subnetted, 3 subnets
R       10.1.3.0 [120/1] via 10.1.2.2, 00:00:10, Serial0/1
C       10.1.2.0 is directly connected, Serial0/1
C       10.1.1.0 is directly connected, FastEthernet0/0
S    192.168.1.0/24 [1/0] via 10.1.2.2
```

R　10.1.3.0 [120/1] via 10.1.2.2, 00:00:10, Serial0/1

- R：路由資訊的資料來源
- 10.1.3.0：網路位址
- [120/1]：管理距離 / 度量
- 10.1.2.2：網路位址
- 00:00:10：經過時間
- Serial0/1：輸出介面

※ 以思科路由器的路由表為例

※ 管理距離／度量是將網路距離數值化的結果，其定義了路由協定的可靠程度。

Point

- 路由表儲存著指向特定網路位址的路徑，提供路由器將 IP 封包轉發到指定網路的路徑。
- 登錄於路由表的資訊稱為「路由資訊」。

≫ 路由表中最基本的資訊

路由表的建立方法

想在路由表上登錄路由資訊，有下列三種方法：

- 直接連線
- 靜態路由
- 路由協定

最基本的直接連線法

因路由器具有連接網路的功能，直接連線是最基本的路由資訊。正如其名，直接連線的路由資訊，正是路由器與網路直接連線所取得的路由資訊，**不需要特別設定，路由器會直接將路由資訊登錄於路由表上**。只要為路由器的介面設定 IP 位址，啟用該介面即可。自動取得與 IP 位址相應的網路位址之路由資訊，將會作為直接連線的路由資訊，登錄於路由表中（圖 6-9）。

可以在路由表所登錄的網路之內，為 IP 封包執行路由處理。也就是說，不需要額外設定路由器，就能在直接連線的網路之街進行路由。反過來說，**路由器只能掌握直接連線的那些網路，其餘網路一概不知**。

如果想在路由表上登錄並未與路由器直接連線的遠端網路，則需採用別種方法。

圖 6-9　　　　　　　　　　直接連線法的路由資訊

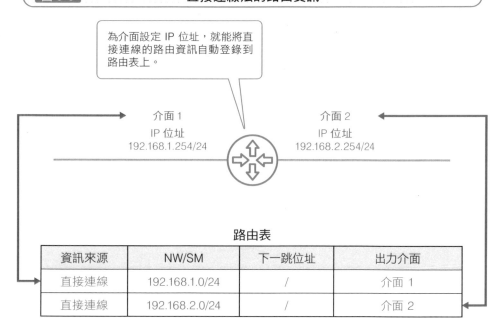

為介面設定 IP 位址，就能將直接連線的路由資訊自動登錄到路由表上。

介面 1
IP 位址
192.168.1.254/24

介面 2
IP 位址
192.168.2.254/24

路由表

資訊來源	NW/SM	下一跳位址	出力介面
直接連線	192.168.1.0/24	/	介面 1
直接連線	192.168.2.0/24	/	介面 2

※ NW 表示網路位址。
※ SM 表示子網路遮罩。

Point

✎ 將路由資訊登錄到路由表的方法有下列三種：

・ 直接連線

・ 靜態路由

・ 路由協定

✎ 在介面中設定 IP 位址，以直接連線法登錄路由資訊到路由表。

» 不使用直接連線登錄路由資訊的方法

登錄遠端網路的路由資訊

　　除了直接連接路由資訊外，路由器還必須登陸那些未直接連接路由器，位於遠端網路之路由資訊。

輸入指令

　　靜態路由是一種在路由表上手動註冊路由資訊的方法，例如在路由器上輸入指令。

　　儘管指令格式依不同製造廠商而異，使用者如果想要在路由表中註冊路由資訊，可以透過指令輸入網路位址／子網路遮罩及其下一跳位址（圖 6-10）。

在路由器之間交換資訊

　　在路由器上啟用路由協定時，路由器之間可以交換資訊，在各自的路由表上登錄所需的路由資訊（圖 6-11）。常見的路由協定如表 6-1：

| 表 6-1 | 主要的路由協定 |

協定名稱	概述
RIP（路由信息協議，Routing Informaiton Protocol）	主要應用於小型網路。
OSPF （開放式最短路徑優先，Open Shortest Path First）	可以對應中型至大型網路。
BGP（邊界閘道器協定，Border Gateway Protocol）	主要作為網際網路的骨幹。

圖 6-10　　　　　　　　　靜態路由

192.168.1.0/24　　　　192.168.0.0/24　　　　192.168.2.0/24

192.168.0.1　192.168.0.2
R1　　　　R2

R1 路由表

網路位址	下一跳位址
192.168.0.0/24	直接連線
192.168.1.0/24	直接連線
192.168.2.0/24	192.168.0.2（R2）

R2 路由表

網路位址	下一跳位址
192.168.0.0/24	直接連線
192.168.1.0/24	192.168.0.1（R1）
192.168.2.0/24	直接連線

以靜態路由法輸入指令，登錄「192.168.2.0/24 的下一跳位址是 192.168.0.2」。

以靜態路由法輸入指令，登錄「192.168.1.0/24 的下一跳位址是 192.168.0.1」。

圖 6-11　　　　　　　　　路由協定

啟用路由協定，在路由器之間交換資訊。

「此為 192.168.1.0/24 的下一跳位址」

「此為 192.168.2.0/24 的下一跳位址」

192.168.1.0/24　　　　192.168.0.0/24　　　　192.168.2.0/24

192.168.0.1　192.168.0.2
R1　　　　R2

R1 路由表

網路位址	下一跳位址
192.168.0.0/24	直接連線
192.168.1.0/24	直接連線
192.168.2.0/24	192.168.0.2（R2）

R2 路由表

網路位址	下一跳位址
192.168.0.0/24	直接連線
192.168.1.0/24	192.168.0.1（R1）
192.168.2.0/24	直接連線

根據來自 R2 的路由資訊，登錄「192.168.2.0/24 的下一跳位址是 192.168.0.2」。

根據來自 R1 的路由資訊，登錄「192.168.1.0/24 的下一跳位址是 192.168.0.1」。

Point

    登錄遠端網路的路由資訊之方法有下列兩種：

- 靜態路由
- 路由協定

    靜態路由法以指令登錄網路位址／子網路遮罩與其下一跳位址。

    路由協定法透過在路由器之間交換路由資訊以進行登錄。

» 整理龐大的路由資訊

一個個登錄資訊的話很棘手

路由表需要所有可能轉發的網路之路由資訊,不過,在路由表上登錄所有可能網路之路由資訊相當困難。

以一個大型企業網路而言,可能存在數百個、甚至數千個以上的網路。此外,網際網路上還存在著數量龐大,幾乎不可計量的網路。

利用「路由匯總」統整登錄資訊

想像一下將資料透過路由器轉發到遠端網路的情境,在路由表中一個個登錄龐大數量的路由資訊可能沒有多大意義,反而會減慢路徑比對速度。對路由器來說,只要向鄰近的路由器(下一跳位址)傳送資料即可。因此**逐個登錄下一跳位址的共同網路之路由資訊並沒有效率,也不具意義。**

我們可以利用「路由匯總」來解決這個問題(圖 6-12),將擁有相通的下一跳位址之遠端網路的資訊匯總為 1 個路由資料,將路由表上的資訊變得更整潔。在靜態路由設定中實施路由匯總,可以減少設定數量。在採用路由協定的情境下,實施路由匯總可以減少路由器之間的互相通訊的路由資訊,消除不必要網路負載與資料量。

圖 6-12　　　　　路由匯總示例

介面 1
10.0.0.1/24

10.2.0.0/24
10.2.1.0/24
10.2.2.0/24
10.2.3.0/24

10.0.0.2/24

R1　　　　　　　　　　　R2

R1 路由表

NW/SM	下一跳位址	輸出介面
10.2.0.0/24	10.0.0.2	介面 1
10.2.1.0/24	10.0.0.2	介面 1
10.2.2.0/24	10.0.0.2	介面 1
10.2.3.0/24	10.0.0.2	介面 1

擁有共同的下一跳位址
↓
如果在路由表上一個一個登錄這四個遠端網路的路由資訊，沒有太大意義。

實施路由匯總，統整登錄。

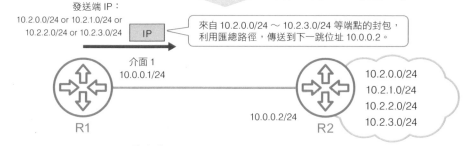

發送端 IP：
10.2.0.0/24 or 10.2.1.0/24 or
10.2.2.0/24 or 10.2.3.0/24

IP

來自 10.2.0.0/24 ～ 10.2.3.0/24 等端點的封包，
利用匯總路徑，傳送到下一跳位址 10.0.0.2。

介面 1
10.0.0.1/24

10.2.0.0/24
10.2.1.0/24
10.2.2.0/24
10.2.3.0/24

10.0.0.2/24

R1　　　　　　　　　　　R2

R1 路由表

NW/SM	下一跳位址	輸出介面
10.2.0.0/16	10.0.0.2	介面 1

將遠端網路匯總成一個路由資訊。

※ NW 表示網路位址。
※ SM 表示子網路遮罩。

Point

✎ 路由匯總可以將多個網路位址統整為一個，並登錄到路由表中。

✎ 實施路由匯總，使路由表中的資訊更加簡潔。

第
6
章

整理龐大的路由資訊　⋯⋯⋯ 路由節約

183

» 壓縮路由資訊的終極方法

匯總所有的網路

當 IP 封包中的接收端找不到存在的其他路由時，路由器會選擇「預設路由」（default route）。預設路由以「0.0.0.0/0」表示，是將所有網路匯總起來的終極路由。如果路由表上登錄了預設路由，則視同路由器登錄了所有網路的路由資訊。

「預設路由是當 IP 封包的接收端位於未知網路時所採用的路由」這個說法並不正確。這是因為預設路由會顯示所有的網路，因此，當路由表上登錄了預設路由，也就不存在未知的網路，儘管預設路由被登錄為較為模糊的路由資訊。

預設路由的使用範例

預設路由是向網際網路轉發 IP 封包時採用的路由，儘管網際網路上存在著數量龐大的網路，在路由 IP 封包時，通常會有共同的下一跳位址。因此，將網際網路內的大量網路匯總起來，作為預設路由登錄到路由表上（圖6-13）。

此外，位於小型企業據點的路由器，也可以將其他據點的企業內部網路與網際網路匯總，作為預設路由。

圖 6-13　　　　　預設路由的使用範例

介面 1
10.0.0.1/24

網際網路
100.0.0.0/8
200.1.1.0/24
150.1.0.0/16

10.0.0.2/24

R1

R2

R1 路由表

NW/SM	下一跳位址	輸出介面
0.0.0.0/0	10.0.0.2	介面 1

將網際網路內的大量網路匯總起來，作為預設路由登錄
到路由表上。

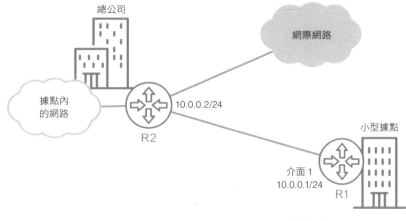

總公司

網際網路

據點內
的網路

10.0.0.2/24

R2

小型據點

介面 1
10.0.0.1/24
R1

R1 路由表

NW/SM	下一跳位址	輸出介面
0.0.0.0/0	10.0.0.2	介面 1

將網際網路內的大量網路，以及其他據點的企業內部網路
匯總起來，作為預設路由登錄到路由表上

※ NW 表示網路位址。
※ SM 表示子網路遮罩。

Point

✎ 預設路由以「0.0.0.0/0」表示匯總所有網路的終極路徑。

✎ 通常以預設路由作為路由到網際網路的資訊。

》 具備路由器與二層交換器功能的資料傳輸設備

三層交換器概述

三層交換器是在二層交換器的基礎上，搭載路由器功能的網路設備。三層交換器可以像二層交換器那樣通過 MAC 位址傳送封包，也可以像傳統路由器那樣在兩個網路之間進行路由轉發。三層交換器的外觀與二層交換器非常相似，具備很多個乙太網路介面。

表 6-2 整理了二層交換器與路由器所傳輸的資料及相關特徵。

可以作為二層交換器或路由器使用

當三層交換器在同一個網路內傳送資料時，會像二層交換器一樣通過 MAC 位址辨識資料接收端，在不同網路間傳送資料時，則像是路由器一樣判斷 IP 位址並轉發資料。

圖 6-14 中，以三層交換器連接網路 1（192.168.1.0/24）與網路 2（192.168.2.0/24）。電腦 1 與電腦 2 位於同一個網路內，電腦 3 則隸屬另一個網路。

想要建立像這樣子的網路架構圖，需要使用三層交換器的 VLAN（虛擬區域網路，Virtual LAN）功能。**想要掌握三層交換器的運作原理，首先必須理解 VLAN 是什麼**，請翻閱 **6-13** 及後續小節。

表 6-2 　　　　二層交換器與路由器傳輸資料之特徵比較表

特徵	二層交換器	路由器
資料	乙太網路訊框	IP 封包
資料的傳送範圍	同一網路內	網路之間
參照表	MAC 位址表	路由表
參照位址	MAC 位址	IP 位址
缺少必要資訊的動作	以洪泛法傳輸資料	捨棄資料

圖 6-14　　　　　　　　　三層交換器概述

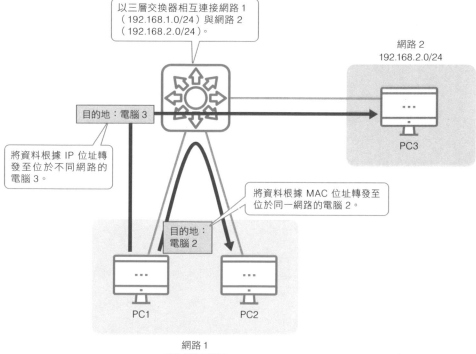

以三層交換器相互連接網路 1
（192.168.1.0/24）與網路 2
（192.168.2.0/24）。

網路 2
192.168.2.0/24

目的地：電腦 3

PC3

將資料根據 IP 位址轉
發至位於不同網路的
電腦 3。

將資料根據 MAC 位址轉發至
位於同一網路的電腦 2。

目的地：
電腦 2

PC1　　　　　PC2

網路 1
192.168.1.0/24

Point

/ 三層交換器是具備路由器與二層交換器的功能之網路設備。

/ 在同一網路內傳送資料時作為二層交換器使用，在不同網路之間傳輸資
料時則作為路由器使用。

» 以二層交換器劃分網路

將網路劃分為多個

二層交換器是建構「1 個」乙太網路的網路之設備，**如果 1 個網路連接為數眾多的網路設備，則很可能產生無謂的資料轉發情形。**為了抑制這種情況，從資料安全及管理考量來看，劃分網路有其必要。

儘管二層交換器通常只存在於「1 個」網路內，不過我們可以利用 VLAN（虛擬區域網路）將網路劃分為多個網段。

VLAN 的運作原理

VLAN 的運作原理異常簡單，一般的二層交換器可以將乙太網路訊框轉發給所有的連接埠，而 VLAN 可以「有效分派乙太網路訊框到屬於該 VLAN 的連接埠」。

我們來思考一下 VLAN 如何使用簡單的網路設定，圖 6-15 是一台二層交換器上採用 VLAN 技術的配置圖。二層交換器建立了 VLAN10 和 VLAN20，將連接埠 1 和連接埠 2 分派給 VLAN10 這個虛擬網路，並將連接埠 3 和連接埠 4 分派給 VLAN20。這樣一來，在 VLAN10 內這個虛擬網路內，乙太網路訊框只能在埠口 1 和埠口 2 之間傳送。同理，在 VLAN20 內，乙太網路訊框只能在連接埠 3 和連接埠 4 之間傳送。

不同的 VLAN 之間無法互相傳送乙太網路訊框，即便是同一交換器上的連接埠，假如它們不處於同一個 VLAN，正常情況下也無法進行資料通訊。

圖 6-15

VLAN 概述

MAC 位址表

連接埠	MAC 位址	VLAN
1	A	10
2	B	10
3	C	20
4	D	20

傳送乙太網路訊框時，比對同一個 VLAN 的連接埠之對應 MAC 位址

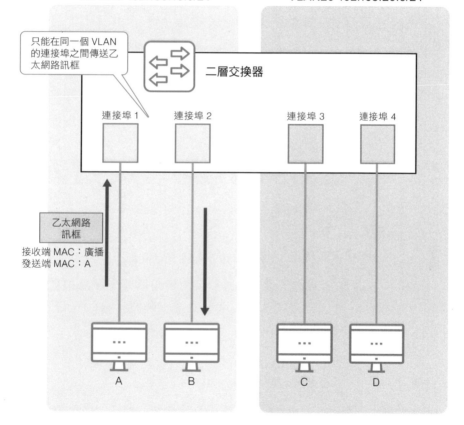

VLAN10 192.168.10.0/24　　　　　　VLAN20 192.168.20.0/24

只能在同一個 VLAN 的連接埠之間傳送乙太網路訊框

二層交換器

連接埠 1　　連接埠 2　　　　連接埠 3　　連接埠 4

乙太網路訊框

接收端 MAC：廣播
發送端 MAC：A

A　　B　　C　　D

第 6 章

以二層交換器劃分網路 ⋯⋯ VLAN（虛擬區域網路）

Point

✍ VLAN 可允許二層交換器在一個網路內區隔出多個網段。

✍ 只在同一個 VLAN 的連接埠之間傳送乙太網路訊框。

» 使用 VLAN 的優點

VLAN 劃分二層交換器

簡單而言，VLAN 為二層交換器做了邏輯上的分組，劃出多個網段。上一節的例子以 VLAN 將網路一分為二，分成 VLAN10 及 VLAN20，讓實際上的一台二層交換器可以在邏輯上作為兩個交換器使用，其中**各交換器內的連接埠可自由配置**（圖 6-16）。

由於各 VLAN 之間的交換器沒有連接關係，網路被 VLAN 分割，資料因此獨立於指定 VLAN 之內。VLAN 的優點之一是**可以限制資料傳送範圍**，提升區域網路的資訊安全。

VLAN 只能劃分網路

路由器也可以將網路華分為多個子網路，不過以路由器分割的子網路之間存在相互連接的關係。

相對地，請牢記 VLAN 的功能僅止於「分割網路」。

如果想在各 VLAN 之間實現通訊，必須使用路由器或三層交換器，才能將連接各個 VLAN。在相互連接的 VLAN 之間進行通訊的動作稱為「VLAN 間路由」，詳細內容可翻閱 **6-17** 小節。

圖 6-16 　　　　　　　　**以 VLAN 劃分二層交換器**

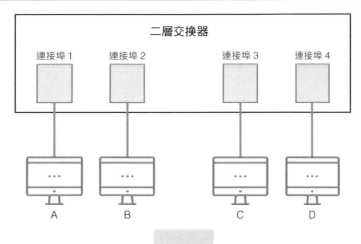

利用 VLAN 將一台二層
交換器劃分為二

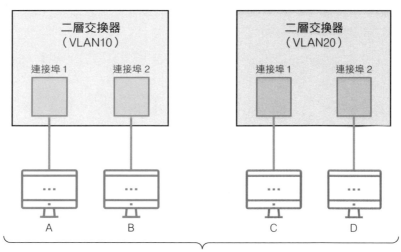

● 被分割的交換器之間沒有連接關係
● 可以自由設定連接埠配置

Point

🖉 VLAN 為二層交換器進行邏輯上的分組。

🖉 以 VLAN 劃分的二層交換器之間沒有連接關係，不同的 VLAN 之間無法
　通訊。

≫ 將多個連線合而為一

以多個交換器建立 VLAN

VLAN 可在一個交換器上實現,也可跨交換器實現邏輯分段。不過,以 VLAN 技術為多個交換器劃分網路時,必須在每個 VLAN 確立交換器之間的連線。假如此時有兩個 VLAN,則在交換器之間必須存在兩條連線。經 VLAN 標記 ※2 的連接埠,**可讓交換器之間的連線變得更有效率**。

VLAN 標籤

在跨多個二層交換器的 VLAN 中,可以通過設定 VLAN 標籤,讓二層交換器之間的連線保持為一條。

當某個連接埠被設定 VLAN 標籤後,此時該連接埠可對應多個 VLAN,將乙太網路訊框傳送到這些 VLAN 內。

以圖 6-17 為例,VLAN10 的連接埠及 VLAN20 的連接埠,都是設定 VLAN 標籤的連接埠。

利用這些經過標記的連接埠進行傳輸的乙太網路訊框,也會加上 VLAN 標籤,判斷這些訊框究竟要傳送到原先哪一個 VLAN 中。二層交換器以 VLAN 標籤判斷正確的 VLAN,並且只在同一個 VLAN 內的連接埠之間傳送乙太網路訊框。

VLAN 標記採用 IEEE802.1Q 協定,在乙太網路訊框的標頭部分添加 VLAN 標籤,以便判斷其歸屬於哪一個 VLAN,如圖 6-18 所示。

※2　VLAN 標籤也被稱為「Trunk」。

圖 6-17　　　　　　　　交換器之間的連線

[橫跨兩個交換器的 VLAN10 與 VLAN20 之架構圖]

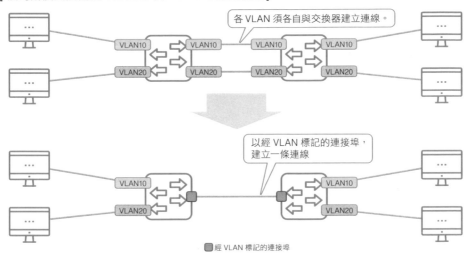

圖 6-18　　　　　　　IEEE802.1Q 標籤

[乙太網路訊框]

[附加 VLAN 標籤的乙太網路訊框]

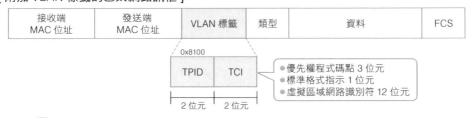

Point

✎ 通過設定 VLAN 標籤，讓二層交換器之間的連線保持為一條。

✎ 為乙太網路訊框附加 VLAN 標籤，以便通過經 VLAN 標籤的連接埠。

第6章

將多個連線合而為一 ………… VLAN 標籤、IEEE802.1Q

193

≫ 在不新增設備或變更配線的情況下變動網路

只有一個連接埠也行得通

簡單而言，經 VLAN 標籤的連接埠，是一個可以將資料封包分派到正確 VLAN 的連接埠。若以二層交換器建立兩個 VLAN，則一個經 VLAN 標籤的連接埠在邏輯上可以拆分為兩個，作為這兩個 VLAN 的連接埠來使用。

VLAN 分割交換器、VLAN 標籤分割連接埠

下列統整了 VLAN 與 VLAN 標籤的概念：

- **VLAN**：為二層交換器進行邏輯上的分割，將同一個網路劃分為多個網段。
- **VLAN 標籤**：為連接埠根據各 **VLAN** 配置進行邏輯上的分割，將同一個連接埠拆分為多個，供不同 **VLAN** 使用。

圖 6-19 中，兩台二層交換器以經 VLAN 標籤的連接埠 8 相互連接，其中設定了兩個虛擬區域網路：VLAN10 與 VLAN20。在這個網路架構圖中，在邏輯上我們可以將圖 6-19 想作兩組兩台二層交換器，以連接埠 8 相互連接。VLAN 是一種在邏輯上分割區域網路的網路管理技術，因此這兩組二層交換器之間不會存在連線關係。

可以自由設定

以二層交換器分割的 VLAN 可以根據使用需求自由設定，由使用者來決定哪一個連接埠要對應哪一個 VLAN，還可以設定 VLAN 標籤的連接埠。利用 VLAN 及其關聯的連接埠設置，使用者無需添購設備或變更線路，就能自由決定網路數量。換句話說，VLAN 具有靈活變更網路架構的優點。

圖 6-19 VLAN 與 VLAN 標籤

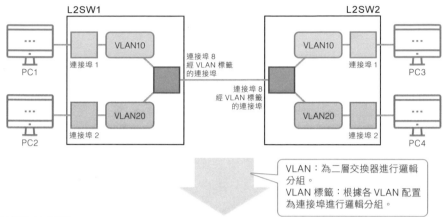

VLAN：為二層交換器進行邏輯分組。
VLAN 標籤：根據各 VLAN 配置為連接埠進行邏輯分組。

LAN10 的網路

VLAN20 的網路

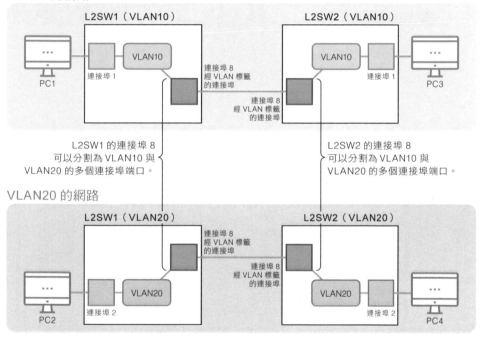

L2SW1 的連接埠 8 可以分割為 VLAN10 與 VLAN20 的多個連接埠端口。

L2SW2 的連接埠 8 可以分割為 VLAN10 與 VLAN20 的多個連接埠端口。

Point

✎ 經 VLAN 標籤的連接埠可以做為多個連接埠端口，供各個 VLAN 使用。

✎ 根據不同的 VLAN 配置，使用者可以自由決定如何劃分網路。

≫ 如何連接被分割的網路

VLAN 只能分割網路

二層交換器的 VLAN「只能在邏輯上分割網路」，如果想在不同的 VLAN 之間建立通訊渠道，則必須使這些 VLAN 相互連接。比起傳統的路由器，此時我們需要更有效率的三層交換器來實現「VLAN 間的路由」。

設定 IP 位址來連接網路（VLAN）

歸根究底，我們要做的正是：**設定 IP 位址來連接網路（VLAN）**。為三層交換器設定 IP 位址的方法有下列兩種：

- 在三層交換器內部的邏輯介面（VLAN 介面）中設定 IP 位址。
- 為三層交換器的連接埠本身設定 IP 位址。

在圖 6-20 中，三層交換器內部包含一個邏輯上的路由器，我們要為該內部路由器設定相應的 IP 位址。

圖 6-20　為三層交換器設定 IP 位址之示例

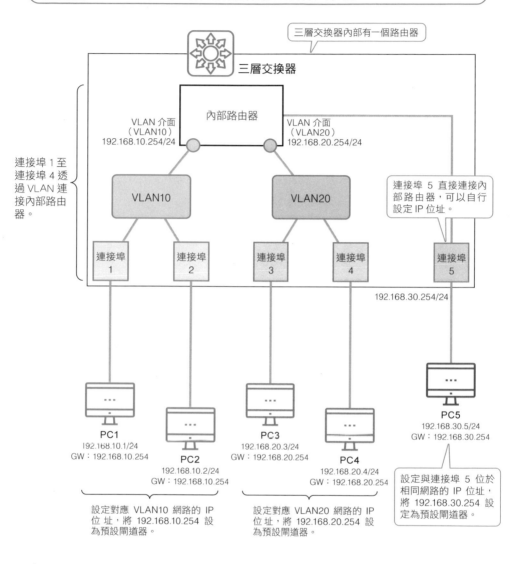

連接埠 1 至連接埠 4 透過 VLAN 連接內部路由器。

三層交換器內部有一個路由器

三層交換器

內部路由器

VLAN 介面
（VLAN10）
192.168.10.254/24

VLAN 介面
（VLAN20）
192.168.20.254/24

VLAN10

VLAN20

連接埠 5 直接連接內部路由器，可以自行設定 IP 位址。

連接埠
1

連接埠
2

連接埠
3

連接埠
4

連接埠
5

192.168.30.254/24

PC1
192.168.10.1/24
GW：192.168.10.254

PC2
192.168.10.2/24
GW：192.168.10.254

PC3
192.168.20.3/24
GW：192.168.20.254

PC4
192.168.20.4/24
GW：192.168.20.254

PC5
192.168.30.5/24
GW：192.168.30.254

設定對應 VLAN10 網路的 IP 位址，將 192.168.10.254 設為預設閘道器。

設定對應 VLAN20 網路的 IP 位址，將 192.168.20.254 設為預設閘道器。

設定與連接埠 5 位於相同網路的 IP 位址，將 192.168.30.254 設定為預設閘道器。

Point

- 比起路由器，三層交換器更能有效率地連接 VLAN。
- 為三層交換器設定 IP 位址，連接 VLAN。
  - 在三層交換器內部的邏輯介面（VLAN 介面）中設定 IP 位址。
  - 為三層交換器的連接埠本身設定 IP 位址。

第
6
章

如何連接被分割的網路 ⋯⋯⋯ VLAN 間的路由

197

» 電腦也具備路由表

不只路由器或三層交換器

目前為止，我們花了許多篇幅介紹路由器與三層交換器，探討了「路由」這個概念。除了這兩個網路設備之外，一般**採用 TCP/IP 架構的電腦或伺服器等設備也具備路由表，可以比對其中的路由資訊轉發資料。**

無法發送給陌生網路

電腦所遵循的路由原則也和路由器一樣，無法向未登錄到路由表上的網路端點傳送 IP 封包。**使用者必須將 IP 封包可能經過的所有網路，完整登錄到電腦的路由表中。**但是，逐個登錄路由資訊彷彿癡人說夢，這麼做也毫無意義。

以預設閘道器統整登錄

電腦的路由表並不會詳盡地登錄路由資訊，基本上只會保存下列兩個資訊：

- 直接連線的路由資訊：IP 位址
- 預設路由：預設閘道器的 IP 位址

直接連線的路由資訊是通過設定 IP 位址，將與電腦直接連線的網路之路由資訊登錄到路由表中。而除了與電腦本身連線的網路之外，還有一種預設閘道器的 IP 設定方法，將其餘所有網路的路由資訊視為預設路由，將 IP 位址設定為「0.0.0.0/0」統整到路由表上（圖 6-21）。

圖 6-21　　　　　　　　　　　電腦的路由表

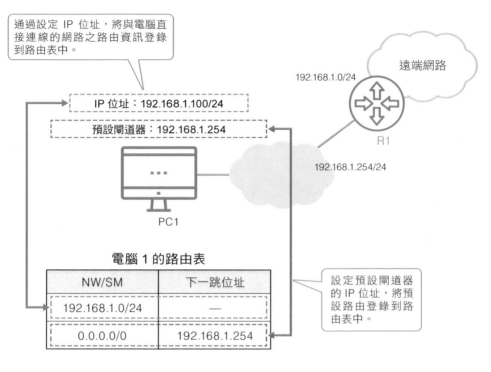

通過設定 IP 位址，將與電腦直接連線的網路之路由資訊登錄到路由表中。

IP 位址：192.168.1.100/24

預設閘道器：192.168.1.254

PC1

遠端網路

192.168.1.0/24

R1

192.168.1.254/24

電腦 1 的路由表

NW/SM	下一跳位址
192.168.1.0/24	—
0.0.0.0/0	192.168.1.254

設定預設閘道器的 IP 位址，將預設路由登錄到路由表中。

第 6 章
電腦也具備路由表 ⋯⋯⋯⋯ 預設閘道器

Point

- 電腦或伺服器也具備路由表，可根據表中所登錄的路由資訊轉發 IP 封包。
- 通過設定 IP 位址，將與電腦直接連線的網路之路由資訊登錄到路由表中。
- 設定預設閘道器的 IP 位址，將匯總所有網路的預設路由登錄到路由表上。

課後練習

確認路由表的內容

到 Windows 系統的電腦上確認路由表內容。

1. 確認 IP 位址與預設閘道器的 IP 位址

根據第 3 章的課後練習指示，確認 IP 位址／子網路遮罩、預設閘道器的
IP 位址設定，並將這些資訊寫在下方。

> IP 位址／子網路遮罩：
>
> 預設閘道器的 IP 位址設定：

2. 顯示路由表

在命令提示字元執行「route print」指令，顯示路由表。比較步驟 1 中的設
定資訊，確認直接連線的路由資訊與預設路由是否已登錄到路由表中。

圖 6-22　　　　　　　　　路由表示例

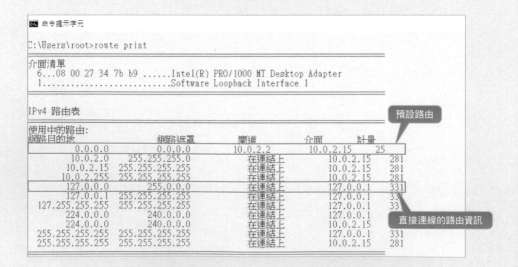

第 **7** 章

網路安全技術

～防範網路攻擊～

» 是誰在連線？

是誰在連線？

不是所有人都能自由存取網路，我們必須進行身份驗證，好好確認使用網路的對象（使用者、網路設備）。

身份驗證概述

所謂的身份驗證，是為了確保使用網路或系統的對象是合法的使用者或設備。**身份驗證程序可以防範非法使用者連上網路或存取系統的情事**（圖7-1），這是資訊安全對策最為基本、最重要的環節。

確認存取網路的對象是否合法的方法有三（圖7-2）。

第一個方法是使用者應該知道的資訊，比如密碼認證，「如果這個人是合法使用者的話理應清楚自己所設定的密碼」。

第二個方法是證件認證，根據使用者持有的證件進行驗證，像是搭載 IC 晶片的員工識別證，「如果這個人是合法使用者的話應該持有 IC 卡才對」。

或者，第三個方法是根據生理特徵進行身份驗證，系統可以事先紀錄如指紋或視網膜等生理特徵，根據「如果這個人是合法使用者的話應該與登錄的生理特徵一致」的預設前提，確認該使用者是否合法。像這樣子根據生理特徵進行身份驗證的方法又稱為生物辨識認證。

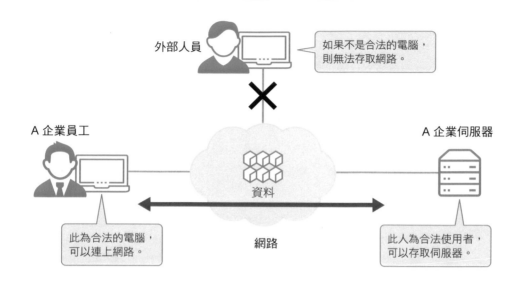

圖 7-1　身份驗證概述

外部人員
如果不是合法的電腦，則無法存取網路。

A 企業員工

A 企業伺服器

資料

此為合法的電腦，可以連上網路。

網路

此人為合法使用者，可以存取伺服器。

圖 7-2　身份驗證方法

使用者
應該知道的資訊

abc_123!

密碼

使用者
持有的證件

搭載 IC 晶片的識別證

使用者的
身體特徵

指紋　視網膜

Point

✐ 以身份驗證確認連上網路或系統的使用者或設備身份。

✐ 主要的驗證方法：

- 使用者應該知道的資訊
- 使用者持有的證件
- 使用著的生理特徵（生物辨識技術）

» 防範資料竊取的對策

可能會被第三者偷窺資料

在網路傳送資料時，存在被第三者竊聽／竊取資料的風險，**尤其是透過網際網路傳輸資料時風險更高**。為了防範資料竊聽風險，將資料加密有其必要性。

資料加密

為資料加密，是為了讓合法使用者之外的人無從判讀資料內容，保障資料的隱密性。萬一在傳送資料時不幸被第三者竊聽，資料內容也無法被判讀（圖 7-3）。

在加密之前的資料稱為「明文」，我們使用「加密金鑰」為其加密。加密金鑰是一串具特定長度的數值串，所謂的加密，就是將明文與加密金鑰進行數學演算，產生加密後的「密文」。

資料解密

相反的，以加密金鑰和密文進行逆向演算，重新導出原來的明文，這個從秘文推導回明文的動作稱為「解密」，而為資料加密和解密所運用的數學演算，就稱為「加密演算法」。

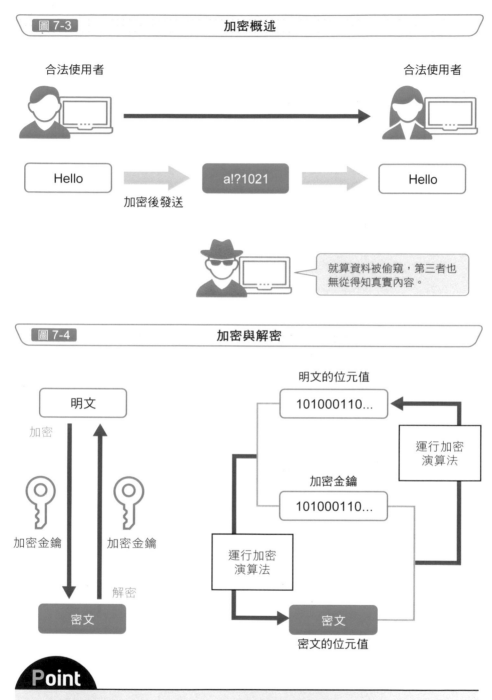

圖 7-3 加密概述

合法使用者　　　　　　　　　　　　合法使用者

Hello　→　加密後發送　→　a!?1021　→　Hello

就算資料被偷窺，第三者也無從得知真實內容。

圖 7-4 加密與解密

明文的位元值
101000110...

運行加密演算法

明文

加密
加密金鑰

解密
加密金鑰

加密金鑰
101000110...

運行加密演算法

密文

密文
密文的位元值

Point

✐ 運行加密演算法為資料加密，防範資料竊聽風險。

» 用一個密鑰管理資料

目前主要有兩種採用加密金鑰的資料加密技術。

對稱密鑰加密

「對稱密鑰加密」演算法，在加密與解密時採用相同的密鑰，又稱為「對稱加密」或「私鑰加密」。

此類加密演算法的優點是在加密或解密資料時，處理負擔小、處理速度快。**不過，與公開金鑰加密相比，要求雙方取得相同的密鑰是對稱密鑰加密的主要缺點。**資料的發送者與接收者必須持有一組密鑰，這組密鑰成為雙方的共同祕密，以便維持專屬的通訊聯繫。如何讓一組密鑰安全地共享且不被第三人知悉，是採用對稱密鑰加密演算法的重要課題（圖 7-5）。

金鑰管理問題

此外，共用一組密鑰的做法並非萬無一失。規律性是破解密鑰的最佳線索，如果一直使用相同的密鑰數值，很容易出現利用密鑰規則性**破解加密資料的風險。**換句話說，使用者必須定期地更換密鑰值。資料的發送者與接收者如何共用及更新密鑰以利安全通訊的問題，稱為「金鑰管理」問題。

對稱密鑰加密的演算法

常見的對稱加密演算法有 3DES、AES 等，**近年來廣泛使用 AES**（進階加密標準，Advanced Encryption Standard）。

圖 7-5　　　　　　　　對稱密鑰加密

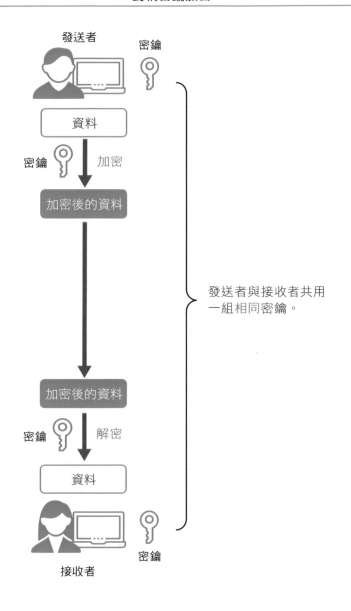

發送者

密鑰

資料

密鑰　加密

加密後的資料

發送者與接收者共用
一組相同密鑰。

加密後的資料

密鑰　解密

資料

密鑰

接收者

Point

✎ 對稱密鑰加密演算法在加密和解密時使用相同的密鑰。

✎ 如何共用與更新密鑰是使用者必須面對的「金鑰管理」問題。

» 以兩個金鑰管理資料

加密和解密採用不同金鑰

對稱密鑰加密演算法面臨的一大難題是金鑰管理，為解決此問題，因而發展出公開金鑰加密演算法。

這類演算法需要兩個金鑰，一個是公開密鑰，另一個是私有密鑰；一個用作加密，另一個則用作解密。雖然兩個密鑰在數學上相關，但如果知道了其中一個，並不能憑此計算出另外一個。**因此其中一個可以公開，稱為公鑰，任意向外發布；不公開的金鑰為私鑰，必須由用戶自行嚴格秘密保管。** 由於公開密鑰和私有密鑰具有相關性，從公開密鑰推導出私密金鑰並非不可能，然而這件事在現實中非常困難，無法（在數以年計的合理時間內）解密得出明文，因此利用公開密鑰破解加密資料的風險非常小。

以公開金鑰來加密

在將資料加密後發送時，發送者會取得由接收者產生的公開密鑰，然後利用這個公開密鑰為資料（明文）加密，將密文傳送給接收者。接收者則利用私有密鑰對密文進行解密（圖 6-7）。

儘管任何人都可以使用公開密鑰對資料進行加密，**然而只有擁有私有密鑰的使用者才能對該資料進行解密。**

我們可以用常見於置物櫃的「掛鎖」來理解這種特徵。任何人都可以用掛鎖來鎖住櫃子、腳踏車等物，但是只有擁有正確鑰匙的使用者才能開鎖。掛鎖相當於公開密鑰，而能夠開鎖的那一個鑰匙正是私有密鑰（圖 7-7）。

圖 7-6　　　　　　　公開金鑰加密概述

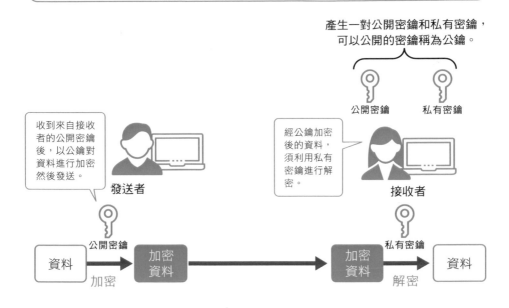

產生一對公開密鑰和私有密鑰，可以公開的密鑰稱為公鑰。

公開密鑰　　私有密鑰

收到來自接收者的公開密鑰後，以公鑰對資料進行加密然後發送。

發送者

經公鑰加密後的資料，須利用私有密鑰進行解密。

接收者

資料　公開密鑰 → 加密資料 → 加密資料　私有密鑰 → 資料
加密　　　　　　　　　　　　　　　　解密

圖 7-7　　　　　　　用鑰匙打開掛鎖

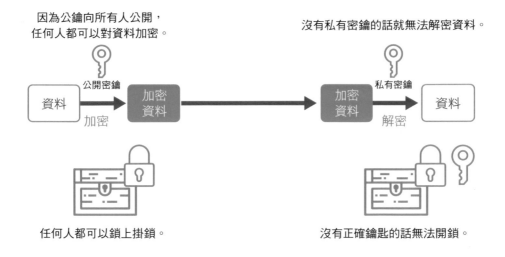

因為公鑰向所有人公開，任何人都可以對資料加密。

沒有私有密鑰的話就無法解密資料。

公開密鑰　　　　　　　　　　　私有密鑰

資料 → 加密資料 → 加密資料 → 資料
加密　　　　　　　　　　　解密

任何人都可以鎖上掛鎖。

沒有正確鑰匙的話無法開鎖。

Point

✎ 公開金鑰加密演算法在加密和解密採用不同金鑰。

✎ 經公鑰加密後的資料，只能以正確的密鑰進行解密。

» 確認為資料加密的對象是誰

私鑰也可以用來加密

在探討公開金鑰加密學時通常只會提及「以公鑰加密，以私鑰解密」，不僅於此，這類演算法**還可以使用私鑰加密，用公鑰解密**。

以公鑰解密資料的能力意味著加密資料的使用者擁有與公開金鑰對應的私密金鑰。

如圖 7-8 所示，接收加密資料的 B，可以透過 A 的公開金鑰對其進行解密，B 可以驗證資料是否由 A 加密發送。

不過，此時無法以前述的「掛鎖」類比這種「以公鑰加密，以私鑰解密」的機制。

公開金鑰加密演算法

RSA 加密演算法與橢圓曲線加密演算法是兩種常見的公開金鑰加密演算法。

RSA 加密演算法是一種對極大整數做因數分解的加密演算法，產生一組公鑰與私鑰並對資料進行加密運算。對一極大整數做因數分解愈困難，RSA 演算法愈可靠。

橢圓曲線加密演算法是一種基於橢圓曲線離散對數問題的困難性而衍生出來的公開金鑰加密演算法，會產生一組公鑰與私鑰並執行加密運算。

圖 7-8　　　　　　　　　以私鑰加密，以公鑰解密

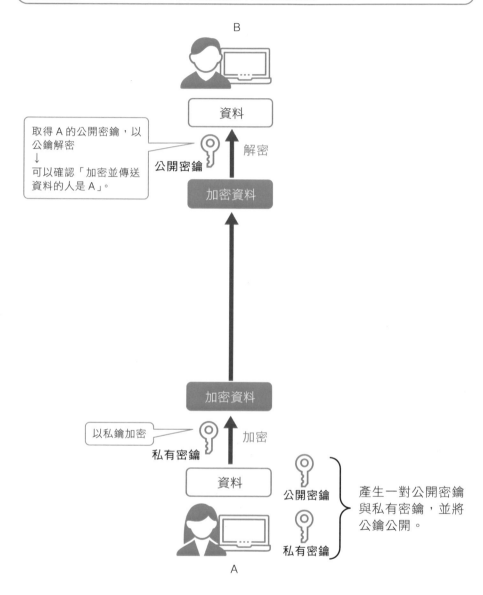

B

資料

取得 A 的公開密鑰，以
公鑰解密
↓
可以確認「加密並傳送
資料的人是 A」。

解密

公開密鑰

加密資料

加密資料

以私鑰加密

加密

私有密鑰

資料

公開密鑰

產生一對公開密鑰
與私有密鑰，並將
公鑰公開。

私有密鑰

A

Point

✐ 在以私鑰加密資料的情況下，使用者只能透過公鑰對資料解密。

✐ 當某使用者以公鑰來解密資料時，則此人可以確知擁有私鑰的對象是誰。

>> 確認建立資料的對象

數位簽章

數位簽章是一種以公鑰解密資料的機制。通常我們使用公鑰加密,用私鑰解密。而在數位簽章中,我們使用私鑰加密(相當於生成簽名),公鑰解密(相當於驗證簽名)。

我們可以直接對消息進行簽名(即使用私鑰加密,此時加密的目的是為了簽名,而不是保密),驗證者用公鑰正確解密消息,如果和原消息一致,**資料未經竄改且資料來自原發送者**,則驗證簽名成功。

數位簽章的具體操作原理是將資料的雜湊值以密鑰進行加密,雜湊值是一種以雜湊函式計算出來的固定長度值,通常用一個短的隨機字母和數字組成的字串來指代原資料。

數位簽章的機制

下列步驟是在發送訊息／資料時加上數位簽章,以便確認資料來源及資料完整性的機制(圖 7-9)。

❶ 從資料產生一組對應該資料的雜湊值。

❷ 以發送者的私鑰對這個雜湊值加密,產生經過加密的數位簽章。

❸ 發送者將資料與數位簽章一起發送給接收者。

❹ 接收者以公鑰解密資料。以發送者所發佈的公鑰進行解密這件事意味著發送者也確實擁有對應私鑰。

❺ 接收者從接收到的資料產生一組雜湊值。

❻ 接收者比對新產生的雜湊值與數位簽章的雜湊值。如果這兩個雜湊值相同,則代表資料不曾被竄改,確保資料的完整性。

圖 7-9　　　　　　　　　　　數位簽章

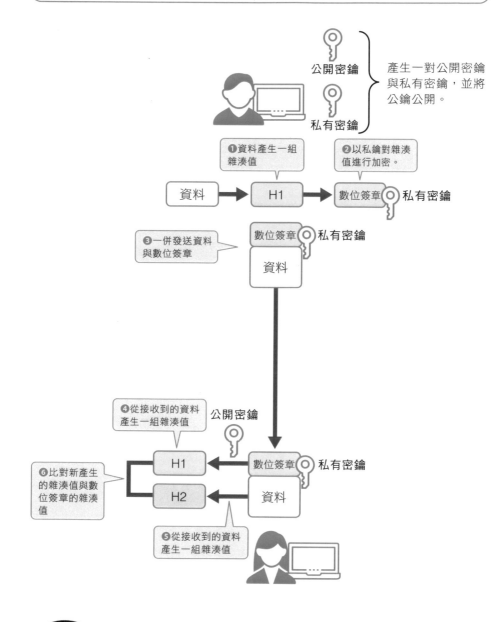

公開密鑰

私有密鑰

產生一對公開密鑰
與私有密鑰，並將
公鑰公開。

❶資料產生一組
雜湊值

❷以私鑰對雜湊
值進行加密。

資料　→　H1　→　數位簽章　私有密鑰

❸一併發送資料
與數位簽章

數位簽章　私有密鑰

資料

❹從接收到的資料
產生一組雜湊值

公開密鑰

H1　←　數位簽章　私有密鑰

❻比對新產生
的雜湊值與數
位簽章的雜湊
值

H2　←　資料

❺從接收到的資料
產生一組雜湊值

Point

✎ 數位簽章可以確認資料的完整性，驗證資料是否曾被竄改。

✎ 數位簽章的簽名對象是資料的雜湊值，以私鑰進行加密。

第 **7** 章　確認建立資料的對象 ⋯⋯ 數位簽章

》用來加密的公開金鑰是真的嗎？

公鑰是真的嗎？

公開金鑰加密技術的出現有著深遠的變革意義，解決了加密金鑰的分配與傳送問題。使用者毋須傳送金鑰，而是利用向任何人公開的公鑰對資料進行加密，資料的接收者只要使用對應的私鑰就能解密資料。

想要安全地享受公開金鑰加密技術的好處，必須先確保公鑰的合法性。

這麼做是因為以公鑰加密的資料可能被惡意的第三者解密，必須極力避免有人假冒資料的接收者並將公鑰公開的風險。

數位憑證

為了防範上述風險，公開金鑰基礎建設（Public Key Infrastructure，PKI），藉由數位憑證認證機構將使用者的個人身分跟公開金鑰鏈結在一起。

數位憑證認證機構（Certificate Authority，CA）是負責發放和管理數位憑證的權威機構，承擔公鑰體系中公鑰的合法性檢驗的責任。

數位憑證認證機構（CA）是作為電子商務交易中受信任的第三方機構，市面上存在許多 CA，這些 CA 之間彼此信任。CA 中心為每個使用公開金鑰的使用者發放一個數位憑證，數位憑證的作用是證明憑證中列出的使用者合法擁有憑證中列出的公開金鑰。已頒發的數位憑證可以安裝於伺服器上以供使用（圖 7-10）。

目前，憑證的格式和驗證方法普遍遵循 X.509 國際標準。

圖 7-10　　　　　　　　　　　數位憑證概述

❶ 產生一組對應的公鑰與私鑰。私鑰必須嚴格秘密保管。

❷ 向 CA 中心遞交公鑰及申請者資訊，申請數位憑證的程序稱為「憑證簽發請求」（Certificate Signing Request）。

❸ CA 中心審查申請資訊，確認無誤後則核准製作數位憑證。

❹ 向申請者頒發數位憑證。

❺ 將已頒發的數位憑證安裝於伺服器。

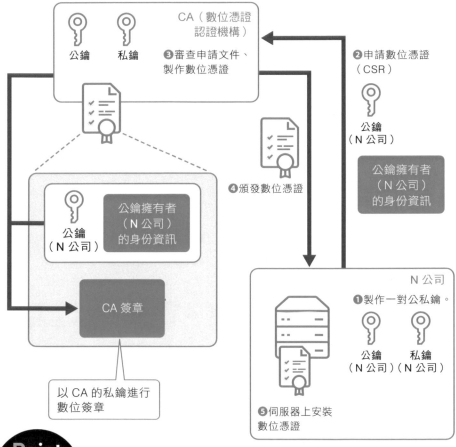

Point

✎ 公開金鑰基礎建設（Public Key Infrastructure，PKI）利用數位憑證來確保公鑰的真實性，保障公開金鑰加密體系的安全性。

✎ 數位憑證由受信任的第三方機構「數位憑證認證機構（CA）」核准、頒發及管理。

✎ 數位憑證中包含一個經 CA 認證的公鑰。

第 7 章　用來加密的公開金鑰是真的嗎？⋯⋯⋯⋯ 數位憑證

215

» 確保網路購物安全

是否可以發送個人資訊？

我們習以為常的網路購物行為，其實暗藏許多危險。使用者的住址、姓名等個人資訊，可能被傳送到假的 Web 伺服器，或者這些資訊也可能被竊取。網路風險層出不窮，因此 SSL（安全通訊協定）相當重要。

SSL

安全通訊協定（Secure Sockets Layer，SSL）是透過數位憑證確認通訊對象之合法性的一種安全協定，可以對資料進行加密，防止第三者竊取。有了 SSL，使用者可以放心地傳送個人資訊。

如果是以 SSL 加密的網站，則 Web 瀏覽器的網址列會顯示一個表示安全的掛鎖圖示，而網址會以「http://」開頭（圖 7-11）。

SSL 的加密流程

SSL 的加密方式結合公開金鑰加密演算法及對稱金鑰加密演算法，屬於混合式加密。首先，用戶端會取得伺服器的數位憑證，此憑證通常包含伺服器名稱、受信任的憑證認證機構及伺服器的金鑰，用戶端會確認該憑證的有效性。 如果採用公鑰加密進行演算，系統的處理負擔很大，所以**應用程式的資料本身並不會使用公鑰進行加密**。

在數位憑證中的公鑰，其用途是安全地傳送密鑰，以數位憑證的公鑰對密鑰進行加密 ※3，確保用戶端電腦和伺服器之間能夠安全地共用密鑰。

最後就是按照對稱金鑰加密演算法，以密鑰對實際的資料進行加密（圖 7-12）。

※3　公鑰並不是對私鑰本身進行加密，而是對「產生私鑰的資料」加密。

圖 7-11　　　　　　　　　採用 SSL 加密的網頁範例

掛鎖圖示　　　以「http://」開頭的 URL 位址

圖 7-12　　　　　　　　　　　SSL 加密流程

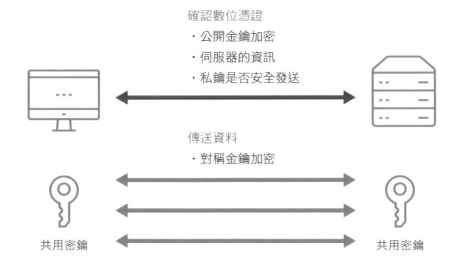

確認數位憑證
・公開金鑰加密
・伺服器的資訊
・私鑰是否安全發送

傳送資料
・對稱金鑰加密

共用密鑰　　　　　　　　　　　　　　　　　　共用密鑰

Point

✎ SSL 是透過數位憑證確認通訊對象之合法性的一種安全通訊協定。

✎ 以數位憑證的公鑰安全地傳送共用密鑰。

✎ 資料本身以對稱金鑰加密演算法進行加密。

≫ 在據點之間進行 低成本且安全的通訊

透過網際網路與各據點通訊

　　企業的多個據點之間的區域網路（LAN）如果想要進行通訊，必須藉助廣域網路（WAN），建構一個專屬於該企業，僅限企業據點的區域網路方可通訊的私人網路（private network），由通訊業者負責保障流通於 WAN 的資料安全。不過，採用 WAN 的成本較高。

　　相較於 WAN 的高昂費用，改採網際網路的做法可以大幅降低通訊成本。由於任何人都可以連接、使用網際網路，伴隨而來可能出現資料竊聽風險（圖 7-13）。

將網際網路變為私人網路

　　我們可以利用 VPN（虛擬私人網路，Virtual Private Network），透過網際網路與各企業據點進行安全通訊。這是一種將網際網路視同虛擬的私人網路的技術，利用隧道協定（Tunneling Protocol）來達到保密、傳送端認證、訊息準確性等私人訊息安全效果。目前有很多種實現 VPN 連線的方法，下列將介紹一種主要方式：

- 在各據點區域網路的路由器之間建立虛擬「隧道」（穿隧，tunneling）。
- 各據點之間的網路通訊經由隧道進行路由。
- 對通過隧道的資料進行加密。

　　通常採用 IPSec 或 SSL 等加密協定為資料進行加密。**如果資料的目的地位於網際網路，則不會事先加密，而是直接發送資料**（圖 7-14）。

圖 7-13 據點通訊方式之比較

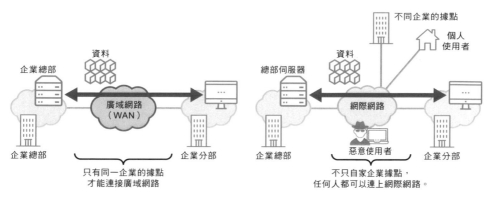

	廣域網路（WAN）	網際網路
成本	高昂	低廉
資料安全性	通訊業者負責保障資料安全性	存在資料竊取風險

圖 7-14　VPN 之概述

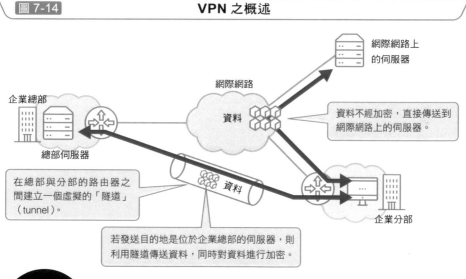

Point

✎ VPN 是一種將網際網路視同為私人網路的通訊方法。

✎ 在各據點的路由器之間建立虛擬隧道。

✎ 各據點的資料經由隧道傳送，同時進行加密。

課 後 練 習

確認數位憑證

一起來確認 Google 網頁上的安全憑證。

以 Web 瀏覽器打開 Google 網頁。如果您使用 Google Chrome 瀏覽器，請選取顯示的安全性狀態圖示來查看網站的詳細資料和權限。接著選取「憑證」，於「憑證資訊」確認 Google 的公開金鑰資訊。

圖 7-15   **Google 網頁上的數位憑證**

索 引

圖解網路運作機制

作　　者：Gene

插　畫　師：Sena Doi

譯　　者：沈佩誼

企劃編輯：莊吳行世

文字編輯：王雅雯

設計裝幀：張寶莉

發　行　人：廖文良

發　行　所：碁峰資訊股份有限公司

地　　址：台北市南港區三重路 66 號 7 樓之 6

電　　話：(02)2788-2408

傳　　真：(02)8192-4433

網　　站：www.gotop.com.tw

書　　號：ACN034600

版　　次：2019 年 12 月初版

　　　　　2023 年 12 月初版十刷

建議售價：NT$380

國家圖書館出版品預行編目資料

圖解網路運作機制 / Gene 原著；沈佩誼譯. -- 初版. -- 臺北市：
　碁峰資訊, 2019.12
　　面；　公分
　　ISBN 978-986-502-326-3 (平裝)
　　1.網際網路　2.電腦網路
312.1653　　　　　　　　　　　　　　　　108018411